家用卫生杀虫产品
质量与检验

JIAYONG WEISHENG SHACHONG
CHANPIN ZHILIANGYUJIANYAN

何建国 晏许超 程水连 熊国红
卢桂英 黄 静 袁 芬/主编

中南大学出版社
www.csupress.com.cn
·长沙·

图书在版编目(CIP)数据

家用卫生杀虫产品质量与检验／何建国等主编. —
长沙：中南大学出版社，2020.11
　　ISBN 978-7-5487-4233-3

　　Ⅰ.①家… Ⅱ.①何… Ⅲ.①日用品－杀虫剂－产品
质量－质量检验 Ⅳ.①TQ453

　　中国版本图书馆 CIP 数据核字(2020)第 205397 号

家用卫生杀虫产品质量与检验
JIAYONG WEISHENG SHACHONG CHANPIN ZHILIANG YU JIANYAN

主编　何建国　晏许超　程水连　熊国红　卢桂英　黄　静　袁　芬

□责任编辑	唐天赋	
□责任印制	易红卫	
□出版发行	中南大学出版社	
	社址：长沙市麓山南路	邮编：410083
	发行科电话：0731-88876770	传真：0731-88710482
□印　　装	湖南蓝盾彩色印务有限公司	

□开　　本	710 mm×1000 mm 1/16	□印张 17.75	□字数 296 千字
□版　　次	2020 年 11 月第 1 版	□2020 年 11 月第 1 次印刷	
□书　　号	ISBN 978-7-5487-4233-3		
□定　　价	68.00 元		

图书出现印装问题，请与经销商调换

《家用卫生杀虫产品质量与检验》编委会

主　　编　　何建国　　晏许超　　程水连　　熊国红
　　　　　　卢桂英　　黄　静　　袁　芬

副 主 编　　林　海　　宋艳春　　胡建国　　彭　霞
　　　　　　张　燕　　夏欣欣　　罗　敏　　资名扬
　　　　　　田　彪　　何朝华　　李建华　　杨　泉
　　　　　　黄卫平　　贺辛乐　　彭俊阳　　杨润拓
　　　　　　黄文涛　　陶珊珊　　汤合林　　赵亮军
　　　　　　熊　斌　　蔡　芳　　周　舟

顾　　问　　杨西京　　姜志宽　　肖卓玲　　戚明珠
　　　　　　刘荣富　　唐清泽　　夏　琳

主编单位　　国家家用杀虫用品质量监督检验中心
　　　　　　益阳市产商品质量监督检验研究院
　　　　　　湖南省九喜日化有限公司

序

在 5 亿多年前的地球上就出现了昆虫，至今发现有 70 多万种，人类根据自身的利益将昆虫分为益虫与害虫两大类，从而开展了人类与害虫之间的长期斗争。家用卫生杀虫产品根据原药的更新经历了五个时期的发展。目前，我国已成为世界上家用卫生杀虫产品的生产大国、技术大国、出口大国。家用卫生杀虫产品质量安全关系到广大人民群众的身体健康、生命财产安全，关系到家用卫生杀虫产品行业的健康持续发展。把好家用卫生杀虫产品质量安全关，检验是关键。当前检测技术已发生了重大变化，繁杂的化学分析操作方法已逐渐让位给快速的、准确的、操作简便的仪器分析方法。新一代的检验人员应在掌握常规化学分析知识的基础上，努力学习先进的仪器分析方法，以适应已发生巨大变化的生产技术。为了帮助家用卫生杀虫产品生产企业和检验检测机构的检测人员提升专业知识，以及业务能力，促进行业的健康持续发展。国家家用杀虫用品质量监督检验中心结合三十几年的检测经验，组织了一批专业技术人员编写了《家用卫生杀虫产品质量与检验》。

《家用卫生杀虫产品质量与检验》主要涉及：检验的基础知识，蚊香、杀虫气雾剂、电热蚊香片、电热蚊香液、驱蚊花露水等产品的检验，以及检验室建设与管理等方面。该书从理论到实践对家用卫生杀虫产品质量与检验进行了较为全面的阐述，内容丰富、知识面广、通俗易懂、实用性强，可作为检验检测人员的培训教材，也可作为相关专业人员的参考书。

《家用卫生杀虫产品质量与检验》的主要撰稿人有：何建国（研究员级高级工程师、原国家家用杀虫用品质量监督检验中心主任），编写第 2 章、第 3 章和附录，并对全书进行了修改；袁芬（高级经济师），第1章；黄静（首席检验师），第4章和第9章9.1节；程水连（高级工程师），编写第5章；卢桂英（高级工程师），编写第6章、第7章；晏许超（高级工程师、国家家用杀虫用品质量监督检验中心副主任），编写第8章和第9章9.2节；熊国红（高级工程师），编写第10章。

由于编者的时间仓促和经验不足，书中难免存在不完善的地方，恳请有关专家和广大读者指正。

编者

2020年5月18日

目　录

附　录　　　　　　　　　207

第 1 章　概述

1.1　家用卫生杀虫产品概述

在 5 亿多年前，地球上就有昆虫存在，至今发现的种类有 70 多万种，而人类是在距今 25 万年前才来到这个世界。人类根据自身的利益将昆虫分为益虫与害虫两类，从而开展了人与害虫之间的长期斗争。

1.1.1　家用卫生杀虫产品的起源

人们在长期的生产、生活实践中，为了对付卫生害虫的侵袭，尝试了各种方法，使用了各种材料来进行防治，至今在我国部分农村还能看到老百姓用传统方法来驱灭蚊虫，如使用艾叶、熏蒸草、烟叶、菊花草等植物来熏蒸。在医药书《神农本草经》中记载有应用汞剂杀除虱及羔虫、砷剂杀除各种害虫的方法。到南宋时期便出现了中草药制成的驱蚊棒，后来随着生产力的进步，发明了蚊帐，该产品起到了物理防蚊虫的效果。蚊香的发明时期说法多种，无法确定，可能与古代人们烧香祭祀的习俗有关，尽管我国古代就有蚊香，但实行工业化、规范化生产，则是国外最早，日本人于 1890 年就利用天然除虫菊花制成线香，并且开始了大规模生产。

1.1.2　家用卫生杀虫产品的发展阶段

家用卫生杀虫产品的广泛使用，应从化学合成杀虫剂的产生开始，由于某些天然的植物在熏蒸中有驱灭蚊虫作用，但原料产量低、成品价格高、驱灭蚊虫效果差。随着工业化的高速发展，人们开发了化学合成杀虫剂，从而使家用卫生杀虫产品的生产走上了规模化、工业化。

卫生杀虫产品根据原药的更新可分为五个时期：

1. 初始阶段

1900 年之前，人们大量使用天然的艾叶草、菊花草、烟叶等植物，制成蚊香棒，通过熏蒸过程，达到驱赶蚊虫效果的目的，该产品产量低、驱蚊效果差，又因价格昂贵，所以普通老百姓难以承受，无法推广。

2. 无机类化合物阶段

1900 年至 1945 年，随着工业的发展，人们可以合成简单的无机类化合物，如吡酸钠和亚吡酸钙，但这些杀虫剂不仅对人类和哺乳动物具有高毒，而且残留时间长，对环境污染严重。

3. 有机氯化合物阶段

在第二次世界大战后，瑞士科学家 P·繆勒发现 DDT(有机氯化合物)具有显著的杀虫效果，并荣获诺贝尔奖，继而又开发了六六六杀虫剂。有机氯化合物杀虫剂不仅高效且杀虫广谱、持效长、价格低廉，生产工艺简单，在很长一段时间内作为主要杀虫剂品种被广泛使用，为化学合成杀虫剂从无机化合物的低效阶段，进入有机化合物的高效阶段，开创了光辉的发展前景。这类杀虫剂包括 DDT、六六六、氯丹等。

随着科学不断发展，人们发现这类化合物残留时间很长，并在人和动物的脂肪组织内蓄积，影响生理功能，还不易降解污染环境，各类害虫又会产生抗性，故从 20 世纪 70 年代起全世界就规定以 DDT 为首的有机氯杀虫剂被限用或禁用。

4. 有机磷化合物阶段

20 世纪 50 年代中期，出现了有机磷化合物和氨基甲酸杀虫剂。

在第二次世界大战期间，德国科学家西拉特开发了有机磷化合物杀虫剂，如磷酸酯和硫化磷酸酯化合物，这类化合物不会长期蓄积在人体内，但毒性很强。随后又开发了乙烯基磷酸酯(敌敌畏)和芳香基有机磷化合物(二嗪农)，它们对害虫有胃毒、触杀和薰杀作用，具有广谱高效，在 20 世纪 50 年代中期逐渐取代 DDT 和六六六等有机氯化合物杀虫剂。同时，另一类氨基甲基酸化合物杀虫剂也相继出现，如残杀威、叶蝉散等，这类杀虫剂对环境污染较小，并容易降解。但在较短时间内，很多害虫很快产生了抗药性。

5. 拟除虫菊酯阶段

在 1949 年 3 月，美国农业部昆虫与植物病虫害检疫局的 Schechter 及 Lafore 等 3 名科学家成功合成出拟除虫菊酯杀虫剂——丙烯菊酯，此后日本住友化学株式会社研发出胺菊酯、苄呋菊酯及苯醚菊酯等。在 20 世纪 70 年代，我国为了解决卫生杀虫产品用药的不足问题，从国外进口拟除虫菊酯杀虫剂。2002 年日本住友化学株式会社再次推出四氟甲醚菊酯。2008 年江苏扬农化工有限公司成功研发出氯氟醚菊酯，常州康美化工有限公司推出七氟甲醚菊酯等。

随着各种拟除虫菊酯相继问世，国内的卫生杀虫产品生产企业经过 20 多年来的洗礼，得到了突飞猛进的发展。自动化程度高、安全环保性能强的生产工艺逐步取代了脏、乱、差的手工式、家庭式、小作坊工艺，从而家用卫生杀虫行业也走上了健康、持续、稳定发展之路。

1.1.3 家用卫生杀虫产品的分类

为了驱(灭)害虫，人们不断挖掘新材料，更新方法，从艾叶草的熏蒸到汞剂杀除、简易蚊香棒的产生到目前使用的盘式蚊香、杀虫气雾剂、电热蚊香和驱虫系列产品的发展，不仅在生产上更加规模化、自动化，而且在用药剂型、使用上更加高效、便捷、安全和环保。

目前国内外的卫生杀虫产品有 30 多种，按使用方法可将其分为 5 类：第 1 类为蚊香类，主要包括有蚊香(MC)、电热蚊香片(MV)、电热蚊香液(LV)等产品。第 2 类为烟雾类，主要包括有热雾剂(HFC)、烟剂(FU)、烟片(FT)等产品。第 3 类为气雾剂类(AE)，主要包括有油基气雾剂、醇基气雾剂、水基气雾剂等产品。第 4 类为毒饵类，主要包括有胶饵(GB)、饵剂(RB)等产品。第 5 类为喷洒类，按施药方式或施药目的又可分为直接喷雾和滞留喷雾等 2 小类，直接喷雾类主要包括有超低容量液剂(ULV)；滞留喷雾类主要包括粉剂(DP)、可湿性粉剂(WP)、悬浮剂(SC)等产品。

3

世界粮农组织(FAO)以产品形态将卫生杀虫产品分为4类：第1类为固体制剂，如可湿性粉剂(WP)、可溶性粒剂或片剂等产品。第2类为液体制剂，如乳油(EC)、微乳剂(ME)、悬浮剂(SC)等产品。第3类为备有应用器具的杀虫制剂，如蚊香系列、气雾剂、热雾剂等产品。第4类为微生物类杀虫制剂。

1.1.4 产品及其工艺

目前常见的家用卫生杀虫产品主要包括蚊香、杀虫气雾剂、电热蚊香片、电热蚊香液、驱蚊水、防蛀剂(如：樟脑丸)等产品。上述产品中蚊香、杀虫气雾剂、电热蚊香片、电热蚊香液等4种产品的产销量最大。

1.蚊香

蚊香以卫生杀虫剂(原药)、植物性粉末、碳粉、黏合剂、香精和着色剂等原料混合制成的盘式固体状，点燃后，卫生杀虫剂以气体状态作用于蚊虫，起到驱(灭)蚊虫效果的产品。

蚊香的主要生产工艺是：

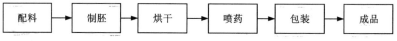

2.杀虫气雾剂

杀虫气雾剂是将卫生杀虫剂(原药)、溶剂、辅助剂密封充装在气雾剂包装容器内，借助抛射剂的压力把内容物通过阀门和促动器按预定形态喷出，从而起到杀灭害虫的一种产品。

杀虫气雾剂的主要生产工艺是：

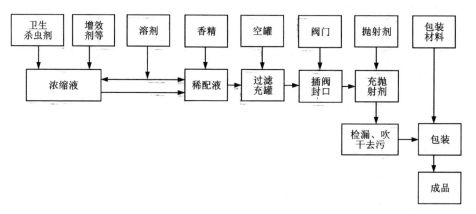

3. 电热蚊香片

电热蚊香片是将卫生杀虫剂(原药),加入由可吸性材料作为载体制成的药片中,经恒温加热器在额定的加热温度下工作,原药中有效成分以气体状态作用于蚊虫,达到驱(灭)效果的产品。

电热蚊香片的主要生产工艺是:

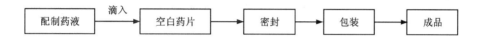

4. 电热蚊香液

电热蚊香液是以卫生杀虫剂、溶剂、稳定剂、香精等原料制成的药液,装入有可吸性芯棒的瓶中,经恒温加热器在额定的加热温度下工作,药液中有效成分以气体状态作用于蚊虫,达到驱(灭)效果的产品。

电热蚊香液的主要生产工艺是:

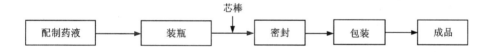

1.2 卫生害虫概述

卫生害虫是指那些对人类健康造成直接或间接危害,具有医学重要性的节肢动物。卫生害虫种类庞杂、繁殖力旺盛、数量繁多、适应性强、生态学各异、分布广泛、孳生和栖息于地球各个角落,从古至今,它们可谓是人类的伴生动物,与人类过着"四同多侵"的生活。"四同"是指同衣(如:虱类)、同食(如:蝇、蟑螂等)、同住(如:臭虫、蚤、蚊等)、同行(如:在野外的吸血双翅目,在船上有某些体外寄虫等);"多侵"是指多种途径侵袭伤害人类,并且能在室内外传播虫媒疾病,造成更大危害。

卫生害虫对人类主要传播疟疾、登革热、鼠疫、蝇咀病、恙虫病等虫媒疾病。本章将重点介绍蚊类、蝇类、蜚蠊、蚂蚁、蚤类等害虫。

1.2.1 蚊类

蚊类属于昆虫纲，双翅目，丝触目蚊科。蚊科中除少数种类外，大都吸血。目前世界上已记载的蚊类有37属119亚属3200余种。我国现知18属48亚属361种蚊虫，常见的有按蚊属（Anopheles）、库蚊属（Culex）和伊蚊属（Aedes）三属。

1. 生态习性

1）生活史

蚊虫的生长发育属于完全变态型。它可分为4个时期，即：卵、幼虫、蛹、成虫。卵是胚胎时期，幼虫和蛹是生长时期，成虫是繁殖时期，前3个时期必须生活在水中，成蚊生活于陆地上，产卵于水中，卵在水中孵化成幼虫，幼虫经4次蜕皮变成蛹、蛹羽化变成蚊，这一系列发育过程称为生活周期，即蚊虫的生活史。

2）习性

（1）叮刺与吸血

雌蚊必须吸血才能产卵，当蚊虫羽化后24 h即能群舞交配、吸血。各种蚊虫的嗜血习性不同，有的嗜人血，如微小按蚊、白纹伊蚊等，有的嗜吸动物血，如中华按蚊三带喙库蚊等，有的则兼吸人血和动物血，如淡色库蚊等，同一蚊种在不同地区嗜血习性亦有差异。

（2）群舞与交配

这是蚊虫在自然情况下正常的生理行为，常常出现在水面上或树丛、建筑物、行人、物体上面离地数尺高的空旷地方，在黄昏和黎明2个时间出现群舞，当大群雄蚊飞舞时，雌蚊随时加入，找到舞伴后即进行交配，一只雄蚊能与多只雌蚊交配，但只有少数雌蚊受孕，多数蚊种的雌蚊一生只交配一次，但有些蚊种如白纹伊蚊等一生中可交配数次。

（3）栖息与活动

蚊虫的活动与温度、湿度及光线有密切关系，当气温在 20～30 ℃，相对湿度在 80% 以上时最为活跃，10 ℃ 以下停止活动。光线较暗的早晚或黑夜较为活跃。有多数伊蚊在白天亦可吸血活动。成蚊的飞行距离一般为 1～2 km，如无特殊情况，多数局限在吸血、栖息和产卵场所附近，很少远飞迁移。

（4）寿命

蚊虫在夏季一般只生存 1～4 周。寿命的长短，主要取决于机体本身与外环境的相互关系，影响蚊虫寿命的因素是：蚊种、气候、营养、个体活动、天敌状况等。

2. 蚊虫与传播疾病的关系

我国由蚊虫传播的疾病主要有痢疾、流行性乙型脑炎、丝虫病、登革热和艾滋病等。

1.2.2　蝇类

蝇类属于昆虫纲、双翅目、环裂亚目（Cyclorrhapha）有瓣蝇类。其中与医学有关的有属蝇科（Muscidae）、丽蝇科（Cal-liphoridae）、麻蝇科（Sarcophagidae）和花蝇科（Anthomyiidae）等 4 科。全世界现知有瓣蝇类有 4200 种，而我国就有 1275 种，其中含 852 个特有种。与人类关系密切的有 8～10 种，主要有家蝇、市蝇、大头金蝇和丝光绿蝇等。

1. 生态习性

1）生活史

蝇类是完全变态昆虫。它的发育过程分为卵、幼虫（蛆）、蛹和成蝇 4 个时期。各种蝇类的发育时间因受温度和环境的影响而不同，如常见的家蝇，在 16 ℃ 时完成整个生活史需 20 天，但在 30 ℃ 只需要 10～12 天。

2）习性

（1）孳生场所

蝇类孳生物类型比较复杂，可分为 5 大类：即人粪类、垃圾类、腐败植物类、腐败动物类和禽畜类。孳生物质是蝇类孳生的基本条件，孳生物质不仅是幼虫的食物，而且也是蝇类幼虫期的一个栖息环境。孳生物质存在的场所称之为孳生场所或孳生地。

（2）食性

蝇的嗅觉十分灵敏。它食性很杂，香、甜、腥、臭均喜爱，特别喜欢各种腐败的有机物质及各种发酵物，甚至连痰、脓血、汗液都可取食。蝇的取食特点是边食、边吐、边拉，而且全身的毛和爪垫的黏毛能携带大量的病原体及寄生虫卵，这是蝇传播疾病的主要方式。

（3）飞翔与活动

蝇类活动主要受温度和光线影响，蝇类有趋光性，喜欢向亮处飞行，在晴天和光亮处则比较活跃。

蝇类活动受温度的影响更大，如家蝇在 30 ℃时最活跃，15 ℃时尚能正常取食，12 ℃时尚能飞行，9~10 ℃时只能爬行。

（4）寿命

蝇的寿命在盛夏季节约 1 个月，但在温度 20 ℃时可延长到 2~3 个月。

大部分蝇种以蛹越冬，但不同蝇种、不同地区越冬的形式亦不同。家蝇在全国各地大都以蛹过冬，但在温暖地区有少数成蝇越冬；厕蝇在南方以幼虫越冬，在北方则以蛹越冬。蛹对寒冷和干燥的抵抗力很强，经过-10 ℃低温，长达 4~5 个月的冬季，于翌年照样羽化为成虫。成蝇越冬多在温暖、避风的地方，如地下室、厨房、仓库、暖窖、畜圈等处静伏不动，待翌春，天气转暖后即行飞出。

2. 蝇类与传播疾病的关系

蝇类的种类多，活动范围广，除骚扰人畜外，主要是携带病原体传播疾病，所传播的疾病按传播方式不同可分为以下 2 类。

1) 机械性传播的疾病

（1）细菌性疾病。伤寒、副伤寒、菌痢、霍乱、副霍乱、细菌性食物中毒、炭疽、破伤风、气性坏疽及化脓性球菌感染等疾病。

（2）病毒性疾病。脊髓灰质炎、冰盾性肝炎、沙眼和天花等疾病。

（3）原虫性疾病。阿米巴痢疾。

（4）其他寄生虫病。蛔虫、蛲虫病和囊虫病。

2）寄生性传播的疾病

有蝇蛆病，蝇类的蛆（幼虫）进入人体引起某些器官致病。有眼、耳、皮肤、胃和尿道的蝇蛆病。这些病的寄生蝇有狂蝇、胃蝇和皮下蝇等。此外，非洲的舌蝇可通过生活方式传播锥虫病。

1.2.3　蜚蠊

蜚蠊（Blatta）是有翅亚纲，外生翅类、蜚蠊目，是古老的昆虫，最早出现在石炭纪初期，距今约 3 亿 5 千万年，与恐龙同辈，在这 3 亿多万年期间，地球发生了无数变迁，现在恐龙早已绝迹，而蜚蠊却在地球上繁衍生息，遍布世界各地。在我国将蜚蠊俗称为蟑螂。

1. 生态习性

目前全世界记录的蟑螂约 5000 种，在我国记录的蟑螂种类中，绝大多数种类栖息于室外，栖息于室内的有 21 种，其中与人类关系密切的主要有 6 种，即德国小蠊、美洲大蠊、澳洲大蠊、褐斑大蠊、黑胸大蠊和日本大蠊。

1）生活史

蟑螂为渐变态昆虫，生活史经历卵、若虫和成虫 3 个发育阶段。

（1）蟑螂有胎生种和卵生种 2 类，胎生种的产卵行为是雌虫先产出壁薄而柔软的卵荚，卵产于其中，而后卵荚又被拉进母体的育室内，保持到若虫孵化。卵生种的产卵行为可分 2 种，一种雌虫生出卵荚后一直拖在尾端，卵荚壁薄而柔软，胚胎在发育过程中，不断从母体得到必需的养料，到了若虫孵化出来，卵荚才脱落，这种产卵行为使卵得到很好地保护。另一种雌虫产卵荚后，短时间即脱落，卵荚坚实耐干寒，能抵挡外界物质的渗入，一般杀虫剂对它无效。

蟑螂产卵荚数与气温，湿度及营养状况有关，少则几个，多则几十个。卵荚卵期与气温和种类有关，一般需 2 个多月才能孵化出若虫。

（2）若虫期要经历几次或十几次脱皮后才能羽化为成虫，每次蜕皮 1 次即为 1 龄期，每个龄期约 1 个月。若虫生活习性与成虫相似。

（3）成虫羽化后即可交配，蟑螂交配严格遵守"一夫一妻制"，不杂交也不乱交,交配后 10 天左右开始产卵。

2)习性

(1)分布

蟑螂以极高的呈几何级数的繁殖率,通过汽车、飞机、列车等交通工具迅速扩散,其侵害是全球性的。在我国南方,因温湿度高、常年活动,在北方,虽然天气冷,但有暖气,在室内也是终年可见。

德国小蠊在媒介生物中是典型的生物入侵物种,繁率高、适应性强、传播速度快,是蟑螂目中分布最广、治理最难的害虫。其始发于德国,随后全世界均有报道。在 20 世纪 80 年代发现侵入我国,目前全国各地几乎均有分布,且构成百分比呈上升趋势,危害日益严重,已成为家庭、宾馆、医院、餐饮和食品生产场所,以及飞机、汽车、列车等交通工具的主要害虫。

(2)食性

蟑螂为杂食性昆虫,以人和动物的各种食物、排泄物和分泌物,以及垃圾等为食。水对蟑螂的生存比食物更为重要,蟑螂的耐饥力较强。

(3)栖息

多数种类的蟑螂栖居野外,仅少数种类栖息于室内,后者与人类的关系密切。蟑螂尤其喜栖息于室内温暖、且与食物、水靠近的场所,如厨房的碗橱、食堂的食品柜、灶墙等处的隙缝中和下水道沟槽内,昼伏夜行。

蟑螂活动的适宜温度为 20~30 ℃。低于 15 ℃时,绝大多数不动或微动;高于 37 ℃时呈兴奋状,超过 50 ℃时死亡。

(4)寿命

蟑螂成虫寿命较长,德国小蠊最短约为 100 天,寿命最长的是美洲大蠊可活 1 年之久。蟑螂属于冷血动物,这意味着它们需要的食物比人类的少得多,它们吃一餐,就能维持数周时间。

2.蟑螂的危害

1)损坏财产

(1)咬坏衣服、书籍和生活用品等。

(2)偷吃食品,还在爬过的食品和食具上留下异臭,造成污染。

（3）身上携带几十种细菌、病毒、霉菌和寄生虫卵等病原体，传播疾病。

（4）钻进电视机、通信器材料和电脑等电子设备中栖息藏身，容易因短路而发生故障，严重时可导致火灾。所以，对蟑螂的危害不可掉以轻心。

2）传播疾病

蟑螂对人类的危害主要是其体内外能携带多种病原体，传播多种疾病。已知蟑螂体内外能携带副霍乱弧菌、痢疾杆菌、沙门菌、绿脓杆菌、埃希大肠杆菌等 40 多种致病菌和钩虫、蛔虫、饶虫等 7 种寄生虫卵，并在其体内贮存多天，经粪便不断排出体外，污染周围环境。蟑螂能携带的病毒有脊髓灰质炎病毒、ECHO 病毒。

蟑螂体内的分泌物、排泄物、呕吐物、蟑螂体表携带的细菌寄生虫卵以及蟑螂尸体干后的粉末，人接触后会产生过敏反应，引起过敏性皮炎，如皮肤水疱疹、皮肤瘙痒等；吸入蟑螂粪便尘埃或尸体干粉会引起呼吸道过敏的反应，如过敏性鼻炎、婴儿哮喘等；人们吃进被蟑螂爬过的食物，也可引起过敏反应；被蟑螂咬伤也能引起过敏反应。

1.2.4 蚂蚁

蚂蚁属节肢动物门昆虫纲膜翅目、细腰亚目、蚁总科，现在将其隶属于胡蜂总科，称之蚁科(Formicidae)，它有 3 种品级：工蚁、后蚁和雄蚁。据统计，世界上蚂蚁约有 260 属、15000 多种，我国约有 600 种。

1. 生态习性

蚂蚁是典型的社会昆虫，具有明确的劳动分工。蚂蚁喜在室内温暖和隐蔽的场所如墙壁、瓷砖、地板下、家具、供暖道缝隙内筑巢，筑巢的位置多趋向厨房、储存间等，具趋水性，雌、雄蚁有翅不飞翔，深居巢穴内，交配产卵在巢内进行，工蚁承担觅食、筑巢和保卫等任务。蚂蚁昼夜都有活动，而夜晚活动多于白天，一般午夜 12 点到凌晨 4 点是活动高峰。

1）生活史

蚂蚁属于完全变态昆虫，生活史经历卵、幼虫、蛹和成虫 4 个时期。幼虫又分为新幼虫、小幼虫、中等幼虫、大幼虫等 4 种，对于发育成雌蚁和雄蚁的幼虫称为有性幼虫；蛹分为前蛹(白色期)、蛹期(棕色)；成虫分为前成虫期和成虫期。

2)品级与分布

依据蚂蚁的形态、行为和社会分工可以分为3个基本品级，即雄蚁、雌蚁(蚁后)和工蚁。除两极外，陆地上从沙漠到湿润的河滩，从热带到靠近极地的寒带地区，从高原到高山，几乎都有蚂蚁的踪迹。

3)习性

蚂蚁通常是杂食性动物，尤喜香甜的食物，不同种间存在差异。低等种类多为肉食性，有的蚂蚁喜食蚜虫、介壳虫和角蝉等昆虫分泌出的蜜露。多数蚂蚁为草食性，以植物叶子、种子、果实等为食。

每年惊蛰后，当气温上升到9℃以上时，蚂蚁开始出巢活动；清明后，气温上升到15℃时，活动频繁。一般南方4~11月，北方6~9月是蚂蚁活动高峰期。10月下旬气温降到10℃以下时活动减弱；冬季临近时，蚂蚁逐渐行动迟缓且不喜欢活动，并集中在较上层的巢室中。蚂蚁在越冬期间，肌肉活动几乎不产生热量，也不取食。

4)寿命

雌雄蚁发育历期约为40天，在适合温度下，相对湿度80%，完成生活史需要一个多月。雌蚁的寿命最长可达39周，最短为8周；雄蚁寿命最短，但其寿命与其生殖行为有关，羽化后交配的次数和频率越高，死亡就越早，一般寿命不超过3周。但有些种类的工蚁寿命有7年，蚁后寿命可长达15年。

2.危害

由于蚂蚁的杂食性，其危害不仅骚扰人的睡眠，还可污染食品、餐具、床具等造成疾病传播，曾有人在蚂蚁身上分离出20多种细菌。人被蚂蚁咬后，尤其是儿童及病人往往引起丘斑红疹，使皮肤瘙痒，抓破后感染化脓。对新生儿还会造成感染和败血症，严重影响人们的身体健康，给人类健康和生活带来巨大的经济损失。

1.2.5　蚤类

蚤类属昆虫纳蚤目(Sutoria)，是一种很特殊的昆虫。口器为刺吸式，营寄生生活，以吸取温血动物血液为食。蚤类不仅叮刺吸血，骚扰人畜，而且是鼠疫和属型斑疹伤寒等疾病的传播媒介。

1. 生态习性

全世界已发现的蚤类约 2500 种，我国已发现的蚤类有 649 种，其中特有种357 种。

1)生活史

蚤类属于完全变态昆虫，其生活史可分为卵、幼虫、蛹(茧)和成虫 4 个时期。蚤卵大部分产于宿主的窝巢和宿主经常活动的地方。幼虫期一般 2~3 周，分 3 龄。幼虫以生活环境中的有机物碎屑和成虫的未消化或半消化的血便为食，即可发育。蛹期通常 1~2 周，相对湿度在 80% 以上最为适宜，在茧内的蛹要羽化为成虫，需要 1 个月刺激，如动物的扰动，空气的振动或温度的升高，才能破茧而出，否则可长期静伏于茧内。通常成虫出茧后，就能吸血、交配、产卵。

2)习性

蚤类是恒温动物的体外寄虫，对宿主体温的变化很敏感。当宿主因感染导致体温过高或死亡后体温骤降，就会离开原宿主，并寻找新宿主。

(1)吸血

吸血对成蚤的成熟、交配、生存、繁殖和寿命都有重要的意义。一般来说吸血机会愈多，寿命愈长。当蚤类找不到适宜宿主吸血时，可袭击其他动物。

(2)繁殖

新羽化的雄蚤通常要经过一个吸血的准备阶段以后，才能交配，绝大多数蚤类的生殖都独立于宿主的生殖。只有吸血以后，才能发育成熟、交配和产卵。

2. 蚤类的危害

蚤类对人、畜的危害分为直接危害(叮刺吸血)和间接危害(传播疾病)两个方面。

1）直接危害

蚤类叮刺吸血时分泌的唾液随口器注入皮下，以防止宿主的血液凝固。由于人的体质和易感性不同，表现症状不同。轻者痒感不久即退，重者局部皮肤可出现丘疹、风疹奇痒难受，导致精神烦躁，甚至彻夜难眠。如搔痒抓破皮肤，可引起继发感染。

2）间接危害

蚤类是菌源性疾病的传播媒介，人或畜一旦被疫蚤叮咬，可引起鼠疫、斑疹伤害、绦虫病或兔黏液瘤等疾病。

第 2 章　检验的基本要求

2.1　职业道德及相关法规标准

家用卫生杀虫产品质量检验工作责任重大，检验人员应除熟悉相关法律法规标准和遵守基本的职业道德外，还应具备职业操守如：科学求实、公平公正、程序规范、注重时效、秉公检测、严守秘密、遵章守纪、廉洁自律。

2.1.1　职业道德的基本知识

1.职业道德的基本内涵

道德是调整人和人之间，以及个人与社会之间关系的原则和行为规范的总和。它规定了人们什么行为是"应该"的，什么行为是"不应该"的。

职业道德是人们在职业活动中应遵循的道德原则和行为准则，涵盖了从业人员与服务对象、职业与职业、职业与职工之间的关系，是建立社会主义思想道德体系的重要内容。古今中外，所有德高望重及事业有成就的人，无不十分重视职业道德的修养。

2.职业道德的作用

职业道德是社会道德体系的重要组成部分，它既具有社会道德的一般作用，又具有自身的特殊作用，具体表现在以下几个方面：

(1)调节职业交往中从业人员内部，以及从业人员与服务对象的关系。

(2)有助于维护和提高本行业的信誉。

(3)促进本行业的发展。

(4)有助于提高全社会的道德水平。

3. 行业职业道德的特征

(1)行业职业道德规范与一定职业对社会承担的特殊责任相联系。

(2)行业职业道德规范上多年积淀的结晶,是世代相传的产物。

(3)行业职业道德规范是共性与个性的统一。

(4)行业职业道德规范要注重与从业人员利益的一致性。

2.1.2 职业守则与职业素养

1. 职业守则的一般要求

(1)遵纪守法,遵守国家法律、法规和单位各项规章制度。

(2)认真负责,严于律己,不骄不躁,吃苦耐劳,勇于开拓。

(3)刻苦学习,钻研业务,努力提高思想、科学文化水平。

(4)爱岗敬业,团结同志,协调配合。

2. 职业素养主要内容

(1)科学求实,公平公正:检验要遵循科学求实原则,坚持公正公平,数据真实准确,报告严谨规范,实事求是,保证检验工作质量。

(2)程序规范,注重时效:根据食品安全法律法规、标准、规程从事检测活动,不推不拖,讲求时效,热情服务,注重信誉。

(3)秉公检测,严守秘密:严格按照规章制度办事,工作认真负责,遵守纪律,保守商业、技术秘密。

2.1.3 法律法规基础知识

1. 产品质量的概念及要求

根据《中华人民共和国产品质量法》所下的定义,产品是指经过加工、制作,用于销售的产品。产品质量是指在商品经济范畴,企业依据特定的标准,对产品进行规划、设计、制造、检测、计量、运输、储存、销售、售后服务等全程的必要的信息披露。

2. 企业生产经营的质量管理制度

根据《中华人民共和国产品质量法》中第 3 条和第 4 条的规定,生产者、销售者应当建立健全内部产品质量管理制度,严格实施岗位质量规范、质量责任以及相应的考核办法,并承担产品质量责任。

根据《农药管理条例》(2017 版)的规定,家用卫生杀虫产品的生产企业必须实施农药登记证和农药生产许可证制度管理。采购原材料时,应当查验产品质量合格证和有关许可证明文件,否则不得采购。还应当建立原材料进货记录制度,并且进货记录应保存 2 年以上。

3. 生产者的产品质量义务

根据《中华人民共和国产品质量法》的规定,生产者的产品质量义务可以概括为 4 个方面:

(1)保证产品内在质量符合规定要求。具体要求是:产品不得存在危及人身、财产安全的不合理的危险;有保障人体健康和人身、财产安全的国家标准、行业标准的,应当符合这些标准;产品必须具备应有的使用性能;产品质量应当符合明示采用的产品标准。

(2)保证产品标识符合法律规定。生产者应当在其产品或者其包装上真实地标明产品标识,标识内容主要包括:产品质量检验合格证明;中文标明的产品名称、厂名厂址;根据产品特点和使用要求,标明产品的规格、等级、所含主要成分名称和含量;产品执行标准;限期使用的要标明生产日期、安全使用期或失效日期;需要警示消费者的,必须要有警示标志或中文警示说明。

(3)产品的包装应当符合法律规定。易碎、易燃、易爆、有毒、有腐蚀性、有放射性等危险物品以及储运中不允许倒置和有其他特殊要求的产品的包装要符合有关要求。

(4)不得违反法律中禁止性规范的业务。生产者不得生产国家明令淘汰的产品;不得伪造产地,不得伪造或冒用他人厂名、厂址;不得伪造或冒用认证标志等质量标志;不得在产品中掺杂掺假,不得以假充真、以次充好;不得以不合格品冒充合格品。

4.监督管理

根据《农药管理条例》中第 22 条规定：家用卫生杀虫生产品的标签标识，应当以中文标注农药的名称、剂型、有效成分及其含量、毒性及其标识、使用范围、使用方法和剂量、使用技术要求和注意事项、生产日期、可追溯电子信息码等内容。剧毒、高毒农药以及使用技术要求严格的其他农药等限制使用农药的标签还应当标"限制使用"字样，并注明使用的特别限制和特殊要求。

根据《农药管理条例》中第 44 条规定，有下列情形之一者，可判定为假农药：

（1）以非农药冒充农药；

（2）以此种农药冒充他种农药；

（3）农药所含有效成分种类与农药的标签、说明书标注的有效成分不符。禁用的农药，未依法取得农药登记证而生产、进口的农药，以及未附具标签的农药。

根据《农药管理条例》中第 45 条规定，有下列情形之一者，可判定为劣质农药：

（1）不符合农药产品质量标准；

（2）混有导致药害等有害成分；超过农药质量保证期的农药。

2.1.4 标准的基础知识

1.标准的概念

标准是一种以文件形式发布的统一协定，其中包含可以用来为某一范围内的活动及其结果制定规则、导则或特性定义的技术规范或其他准则，其目的是确保原料、产品、过程和服务能够符合要求。

标准的编号由标准代号、标准发布顺序号和标准发布年代号等内容组成。

2.标准的分类

根据性质分为强制性标准和推荐性标准。保障人体健康、人身、财产安全的标准和法律、行政法规规定强制执行的标准是强制性标准，其他标准是推荐性标准。省、自治区、直辖市制定的工业产品的安全、卫生要求的地方标准，在本行政区域内是强制性标准。标准又可根据作用的范围分为国家标准、行业标准(团体标准)、地方标准和企业标准。

3.标准的实施

标准实施是有计划、有组织、有措施地贯彻执行标准的活动。标准实施的要求:强制性标准必须执行,不符合强制性标准的产品禁止生产、进口和销售。国家鼓励企业自愿采用推荐性标准,但是,推荐性标准一旦纳入国家指令性文件,就在一定范围内具有了强制性,企业一旦采用,对企业就有强制性,必须严格执行;合同中约定的、产品明示采用的、认证时依据的推荐的标准企业也必须执行;出口产品执行标准由双方约定,但出口产品转内销时必须符合我国的标准,研制新产品、改进产品、技术改造等应符合标准化的要求;产品质量认证的标准必须是国家标准或行业标准;处理产品是否符合标准的争议,以依法设立的产品质量检验机构或授权的质检机构的检验数据为准。

2.2　检验用水的要求

在检验工作中经常要用到水,什么样的水才能符合要求呢? 自来水是人们常用的生活用水,它含有各种杂质,主要有各种盐类、有机物、颗粒物质和微生物等,因此只能用于初步洗涤玻璃仪器、作冷却或加热浴用水等,不能用于配制溶液及检测工作。

2.2.1　检验用水的标准

检验用水有相应的国家标准(GB/T 6682—2008),该标准将检验用水分为3 个级别。表 2-1 列出各级检验用水的技术要求。

表 2-1 检验用水的技术要求

项目	一级水	二级水	三级水
外观(目视观察)	无色透明液体		
pH(25 ℃)	—	—	5.0~7.5
电导率(25 ℃, mS/m)	≤0.01	≤0.01	≤0.50
可氧化物质[以(O)计, mg/L]	—	<0.08	<0.4
吸光度(254 nm, 1 cm 光程)	≤0.001	≤0.01	—
蒸发残渣(105 ℃±2 ℃, mg/L)	—	≤1.0	≤2.0
可溶性硅[以(SiO$_2$)计, mg/L]	≤0.01	≤0.02	—

注：①由于在一级水、二级水的纯度下，难以测定其真实的 pH，因此，对一级水、二级水的 pH 范围不做规定。

②一级水、二级水的电导率需要新制备的水"在线"测定。

③由于在一级水的纯度下，难以测定可氧化物质和蒸发残渣，对其限量不做规定。可用其他条件和制备方法来保证一级水的质量。

2.2.2 检验用水的检测方法

1. pH 的检测

量取 100 mL 水样，用 pH 酸度计测定其 pH(详见 GB 9724—2007)。

2. 电导率的检测

用电导仪测定电导率。一、二级水测定时，配备电极常数为 0.01~0.1 cm^{-1} 的"在线"电导池，使用温度自动补偿。三级水测定时，配备电极常数为 0.1~1 cm^{-1} 的电导池。

3. 可氧化物质的检测

量取 1000 mL 二级水(或 200 mL 三级水)置于烧杯中，加入 5.0 mL(20%)硫酸(或 200 mL 三级水加入 1.0 mL 硫酸)，混匀。加入 1.00 mL 高锰酸钾标准滴定溶液[$c(\frac{1}{5}KMnO_4) = 0.01$ mol/L]，混匀，盖上表皿，加热至沸并保持 5 min，溶液粉红色不完全消失。

4.吸光度的检测

将水样分别注入 1 cm 和 2 cm 吸收池中,于 254 nm 处,以 1 cm 吸收池中的水样为参比,测定 2 cm 吸收池中水样的吸光度。若仪器灵敏度不够,可适当增加测量吸收池的厚度。

5.蒸发残渣的检测

量取 1000 mL 二级水(三级水取 500 mL),分几次加入旋转蒸发器的 500 mL 蒸馏瓶中,于水浴上减压蒸发至剩约 50 mL 时转移至一个已于 (105±2) ℃质量恒定的玻璃蒸发皿中,用 5~10 mL 水样分 2~3 次冲洗蒸馏瓶,洗液合并入蒸发皿,于水浴上蒸干,并在(105±2) ℃的电烘箱中干燥至恒重。残渣质量不得大于 1.0 mg。

6.可溶性硅的检测

1)试剂

(1)二氧化硅标准溶液:0.01 mg/mL SiO_2。

(2)钼酸铵溶液:称取 5 g $(NH_4)_6Mo_7O_{24} \cdot 4H_2O$,加水溶解,加入 20 mL H_2SO_4(20%)稀释至 100 mL。

(3)草酸溶液:50 g/L。

(4)对甲氨基酚硫酸盐(米吐尔)溶液:称取 0.20 g 对甲氨基酚硫酸盐,加 20.0 g 焦亚硫酸钠,溶解并稀释至 100 mL(有效期 2 周)。

以上 4 种溶液均储于聚乙烯瓶中。

2)测定

量取 520 mL 一级水(二级水取 270 mL),注入铂皿中,在防尘条件下亚沸蒸发至约 20 mL,加 1.0 mL 钼酸铵溶液,摇匀,放置 5 min 后,加 1.0 mL 草酸溶液,摇匀,再放置 1 min 后,加 1.0 mL 对甲氨基酚硫酸盐溶液,摇匀,转移至 25 mL 比色管中,定容。将比色管置于 60 ℃水浴中保温 10 min,目视比色,溶液所呈蓝色不得深于 0.50 mL 0.01 mg/mL SiO_2 标准溶液用水稀释至 20 mL 经同样处理的标准比对溶液。

2.3　检验用试剂的要求

2.3.1　试剂的要求

化学试剂是符合一定质量标准的纯度较高的化学物质，是分析工作的物质基础。化学试剂的纯度对分析检验很重要，会影响结果的准确性。只要化学试剂的纯度达不到分析检验的要求，就不能得到准确的分析结果。能否正确选择、使用化学试剂，将直接影响分析实验的准确度。因此，质量检验人员必须充分了解化学试剂的性质、类别、用途与使用等方面的知识。

根据质量标准及用途的不同，化学试剂可大体分为标准试剂、普通试剂、高纯试剂与专用试剂四类。

1.标准试剂

标准试剂是用于衡量其他物质化学量的标准物质，通常由大型试剂厂生产，并严格按国家标准进行检验。其特点是主体成分含量高而且准确可靠。

滴定分析用标准试剂，我国习惯称为基准试剂(PT)，分为 C 级(第一基准)与 D 级(工作基准)两个级别，主体成分的含量分别为(100±0.02)％和(100±0.05)％。D 级基准试剂是滴定分析中的标准物质。基准试剂采用浅绿色标签进行标识。

2.普通试剂

普通试剂是检验室广泛使用的通用试剂，一般可分为三个级别，其等级和适用范围见表 2-2。

表 2-2　普通试剂的等级和适用范围

等级	名称	符号	适用范围	标志
一级	优级纯(保证试剂)	GR	用于精密分析、科研，也可作基准物质	绿色
二级	分析纯(分析试剂)	AR	常用作分析试剂、科研用试剂	红色
三级	化学纯	CP	用作要求较低的分析用试剂	蓝色

3. 高纯试剂

高纯试剂主体成分含量通常与优级纯试剂相当,但杂质含量很低,而且杂质检测项目的数量比优级纯或基准试剂多 1~2 倍。高纯试剂主要用于微量分析中试样的分解及试液的制备。

4. 专用试剂

专用试剂是一类具有专门用途的试剂。其主体成分含量高,杂质含量很低。它与高纯试剂的区别是:在特定的用途中,只需将干扰杂质的含量控制在不致产生明显干扰的限度以下。专用试剂种类很多,如光谱纯试剂(SP)、色谱纯试剂(GC)、生物试剂(BR)等。

要根据检验项目的要求和检验方法的规定,合理、正确地选择使用各种试剂,不要盲目地追求高纯度。例如,在配制铬酸洗液时,仅需工业用的 $K_2Cr_2O_7$ 和工业硫酸即可,若用 AR 级的 $K_2Cr_2O_7$,必定造成浪费。一般性检验则使用分析纯试剂(AR)。对于滴定分析常用的标准溶液,应采用优级纯试剂配制;如用分析纯试剂配制的,则用 D 级基准试剂标定。对于酶试剂,应根据其纯度、活力和保存的条件及有效期限正确地选择使用。

2.3.2　标准物质的要求

为了保证检测结果具有一定的准确度,并具有可比性和一致性,必须使用标准物质校准仪器、标定溶液浓度和评价分析方法。在考核检测人员及监控检测过程中也可应用标准物质。

1. 标准物质的定义

1992 年国际标准化组织标准物质委员会(REMCO/ISO)颁布的国际标准化指南 30(Guide 30),对标准物质和有证标准物质定义如下:

标准物质(reference material, RM)是指具有一种或多种足够均匀和很好确定了的特性值,用以校准设备,评价测量方法或给材料定值的材料或物质。

注:标准物质可以是纯的或混合的气体、液体或固体。

有证标准物质(certified reference material, CRM)是指附有证书的标准物质,其一种或多种特性值用建立了溯源性的程序确定,使之可溯源到准确复现的用于表示该特性值的计量单位,而且每个标准值都附有给定置信水平的不确定度。

自美国标准局(NBS)1906 年公布第一批用于钢铁分析的标准物质以来，标准物质已有近百年的发展历史，至今已有上万个品种，应用遍及世界。我国已有 2107 个品种(其中一级标准物质 1093 种)。

2.标准物质的分类与分级

1)标准物质的分类

我国按标准物质的属性和应用领域将标准物质分为 13 大类，它们是：钢铁成分分析标准物质、有色金属及金属中气体成分分析标准物质、建材成分分析标准物质、核材料成分分析与放射性测量标准物质、高分子材料特性测量标准物质、化工产品成分分析标准物质、地质矿产成分分析标准物质、环境化学分析与药品成分分析标准物质、临床化学分析与药品成分分析标准物质、食品成分分析标准物质、煤炭石油成分分析和物理特性测量标准物质、工程技术特性测量标准物质、物理特性与物理化学特性测量标准物质。

2)标准物质分级

我国将标准物质分为一级与二级，它们都符合有证标准物质的定义。

一级标准物质是用绝对测量法或两种以上不同原理的准确可靠的方法来定值。若只有一种定值方法，则可采取多个实验室合作定值。它的不确定度具有国内最高水平，均匀性良好，在不确定度范围之内，稳定性在一年以上，具有符合标准物质技术规范要求的包装形式。一级标准物质由国务院计量行政部门批准、颁布并授权生产，它的代号是以国家级标准物质的汉语拼音中"Guo""Biao""Wu"三个字的字头"GBW"表示。

二级标准物质是用与一级标准物质进行比较测量的方法或一级标准物质的定值方法定值，其不确定度和均匀性未达到一级标准物质的水平，稳定性在半年以上，能满足一般测量的需要，包装形式符合标准物质技术规范的要求。二级标准物质由国务院计量行政部门批准、颁布并授权生产，它的代号是以国家级标准物质的汉语拼音中"Guo""Biao""Wu"三个字的字头"GBW"加上二级的汉语拼音中"Er"字的字头"E"并以小括号括起来——GBW(E)表示。

3.一些常用的标准物质

在表 2-3 中列出一些常用的标准物质。

表 2-3　常用的标准物质

类别	名称
高纯试剂标准物质	碳酸钠纯度标准物质(以下略去"纯度标准物质")、乙二胺四乙酸二钠、氯化钠、重铬酸钾(E)、苯二甲酸氢钾(E)、氯化钾(E)、草酸钠(E)、三氧化二砷(E)
元素分析标准物质	乙酰苯胺元素分析标准物质(以下略去"元素分析标准物质")、间氯苯甲酸(E)、茴香酸(E)、胱氨酸、磷酸三苯酯中磷(E)、苯甲酸(E)、脲(E)
高纯农药标准物质	敌百虫(E)、速灭威(E)、甲胺磷(E)、氰戊菊酯(E)等
电导率标准物质	氯化钾电导率标准物质
熔点标准物质(一、二级)	对硝基甲苯、萘、苯甲酸、1,6-己二酸、对甲氧基苯甲酸、蒽、对硝基苯甲酸、蒽醌
pH 标准物质(一、二级)	四草酸氢钾(pH 1.68)、酒石酸氢钾(pH 3.56)、邻苯二甲酸氢钾(pH 4.00)、混合磷酸盐(pH 6.86)、硼砂(pH 9.18)
热值标准物质	苯甲酸(纯度 99.999%)
重金属标准物质	铜、锌、铅、镉、铁、锰、镍、总铬成分分析标准物质(E)

注:"E"为二级标准物质。

4.标准物质的应用

1)用于校准分析仪器

理化检测仪器及成分分析仪器,如酸度计、电导仪、量热计、色谱仪等都属于相对测量的仪器,在制造时需要进行刻度即用标准物质的特定值来决定仪表的显示值。如酸度计,需用 pH 标准缓冲物质配制 pH 标准缓冲溶液来定位,然后测定未知样品的 pH。电导仪需用已知电导率的氯化钾标准溶液来校准电导率常数。成分分析仪器要用已知浓度的标准物质校准仪器。

2)用于评价分析方法

采用与被测样品组成相似的标准物质以同样的分析方法进行处理,测定样品的回收率,比加入简单的纯品测定回收率方法更简便可靠。其具体操作是:选择浓度水平、化学组成和物理形态合适的标准物质与样品做平行测定,如果标准物质的分析结果与证书上所给的保证值一致，则表明分析测定过程不存在明显的系统误差，样品的分析结果可靠，可近似地将精密度作为检验结果的准确度。

3）用作工作标准

（1）制作工作曲线。仪器分析大多是通过工作曲线来建立被测物质的量和某物理量的线性关系来求得测定结果的。过去，分析工作者大多采用自己配制的标准溶液制作工作曲线，由于各实验室使用的试剂纯度、称量和容量仪器的可靠性、操作者技术熟练程度等的不同，影响测定结果的可比性。而采用标准物质制作工作曲线，使分析结果建立在一个共同的基础上，将会使数据更为可靠。

（2）给物料定值。在测量仪器、测量条件都正常的情况下，用与被测物基体和含量接近的标准物质与样品交替进行测定，测出被测物的结果。

4）提高实验室间的测定精密度

在多个实验室进行合作实验时，由于各实验室条件不同，合作实验的数据发散性较大。比如，各实验室的工作曲线的截距和斜率的数值不同，如果采用同一标准物质，用标准物质的保证值和实际测定值求得该实验室的修正值，以此校正各自的数据，可提高实验室间测定的再现性。

5）用于分析化学的质量保证

实验室质量负责人可以用标准物质考核、评价检验者和实验室的工作质量，作质量控制图，使共同任务的检测工作的测量结果处于质量控制中。

6）用于制订标准方法、产品质量监督检验、技术仲裁

在拟定测试方法时，需要对各种方法做比较试验，采用标准物质可以评价方法的优劣。在制订标准方法和产品标准时，为了求得可靠的数据，使用标准物质做工作标准。

产品质量监督检验机构为确保其出具的数据的公正性与权威性，采用标准物质评价其测定结果的准确度。

在商品质量检验、分析仪器质量评定、污染源分析监测等工作中，当发生争议时，需要用标准物质作为仲裁的依据。

2.4　检验结果的处理

2.4.1　检验结果的表示

根据不同的要求,检验结果的表示方法不同,常见的有以下四种。

1. 按实际存在形式表示

检验结果通常以被测组分实际存在形式的含量表示,例如,家用卫生杀虫产品中水分(H_2O)含量,常以水的质量浓度百分比表示。

2. 按氧化物形式表示

如果被测组分的实际存在形式不是很清楚,有的比较复杂,则检验结果常用氧化物的形式计算。例如:土壤中钾含量用 K_2O 表示等。

3. 按元素形式表示

在检测驱蚊花露水中重金属指标时,检验结果常常用元素形式表示。

4. 按所存在的离子形式表示

在检验某产品中某些项目时,常用实际存在的离子形式表示。例如:检测氟含量的项目时,用氟离子表示。

2.4.2　计量单位

家用卫生杀虫产品检测的结果是否合格,一般是以数据的形式来反映被测物质的含量,并判断合格与否。根据被测样品的状态和被测物质的含量范围,检验结果可用不同的单位表示。我国目前采用的国际单位制计量单位和国家选定的其他计量单位,均为国家法定计量单位。

1. 质量单位

(1)国际单位有:kg。

(2)国家选定的其他计量单位有:mg、μg。

(3)换算关系为:　　1 kg = 1000 g,

　　　　　　　　　　1 g = 1000 mg,

　　　　　　　　　　1 mg = 1000 μg。

2. 容量单位(体积单位)

(1)国际单位有：L。

(2)国家选定的其他计量单位有：m^3、mL、μL。

(3)换算关系为：1 m^3 = 1000 L,

$\qquad\qquad$ 1 L = 1000 mL,

$\qquad\qquad$ 1 mL = 1000 μL。

3. 含量单位

(1)国际单位有：kg/L、mol/L。

(2)常量组分检验的结果可用以下单位表示：mg/100 g 或 mg/100 mL；g/100 g 或 mg/L；g/kg 或 g/L。

(3)对痕量、微量组分检验的结果可用以下单位表示：

mg/kg 或 mg/L；μg/kg 或 μg/L；ng/kg 或 ng/L。

2.4.3 被测组分含量的表示方法

1. 质量分数、体积分数

这是检验结果最常用的表示方式之一，如某蚊香中的水分和有效成分含量(质量分数)分别为 7.41%、0.054%；某食用酒精中酒精含量(体积分数)为 98.9%。

2. 质量浓度

常用单位为 mg/kg 或 mg/L 等。如某驱蚊花露水中甲醇和铅的含量分别为 1115.4 mg/kg、0.97 mg/kg。

3. 特殊的表示单位

如在工业用水中用相似的标准物质的量表示色度和浊度；在检测家用卫生杀虫产品中药效指标时，其量的表示用分钟(min)。

2.4.4 检验结果的准确度和精密度

家用卫生杀虫产品质量检验工作的目的在于为市场监督管理部门和生产企业提供准确、可靠的分析数据，以便各级市场监督管理部门则根据这些数据对家用卫生杀虫产品的品质和质量做出正确客观的判断和评定，防止质量低劣家用卫生杀虫产品危害消费者的身心健康。生产企业根据这些数据对原料的质量进行控制，制定合理的工艺条件，保证生产正常进行，以较低的成本生产出符合质量标准和卫生标准的产品。

错误的检验结果往往会造成产品的报废、资源的浪费、决策的失误和其他方面的经济损失。但是检测数据的准确、可靠是相对的，而结果的误差是绝对的，也是不可避免的客观事实。误差的产生是有规律的，家用卫生杀虫产品检验人员应了解和掌握误差的产生原因和规律，不断地改进检测方法，改进操作，把误差降到允许的范围之内，使检测结果达到一定的准确度，以满足各种家用卫生杀虫产品分析检验的需要。

在研究一个检验方法时，通常用准确度、精密度和灵敏度这三项指标进行评价。

1. 准确度和误差

1）准确度

准确度是指测定值与真实值的接近程度。测定值与真实值越接近，则准确度越高。准确度的高低可用误差来表示，误差越小，准确度越高。

2）误差

误差是指测定值与真实值之间的差值。误差根据产生的原因可分为系统误差和偶然误差两种。

（1）系统误差是指经常反复的，且向同一方向发展的误差。这种误差的大小是可测的，所以又叫可测定误差，主要来源于仪器误差、试剂误差、方法误差和操作者的主观误差。

（2）偶然误差是指由未知的因素引起的误差，其大小和方向都不可测定，又叫不可测定误差，主要来源于检测过程中的一些偶然的、暂时不能控制的因素所引起的误差。

误差有两种表示方法，即绝对误差和相对误差。绝对误差是指测定结果与真实值之差；相对误差是指绝对误差占真实值的百分率。

判定某一检测方法的准确度，可通过测定标准试样的误差或作回收试验计算回收率，以误差或回收率来判断。

在回收试验中，加入已知量的标准物的样品称之为加标样品，未加标准物质的样品称之为未知样品。在相同的条件下用同种方法对加标样品和未知样品进行预处理和测定，再按式(2-1)计算出加入标准物质的回收率。

$$p = \frac{x_1 - x_0}{m} \tag{2-1}$$

式中：$p(\%)$——加入标准物质的回收率；

m——加入标准物质的量，g；

x_1——加标样品的测定值，g；

x_0——未知样品的测定值，g。

2. 精密度和偏差

1）精密度

精密度是指多次平行测定结果相互接近的程度。这些测定结果的差异是由偶然因素造成的。它代表着检测方法的稳定性和重现性。

常用偏差表示检验结果的精密度。偏差越小、平行测定的测得值越接近，精密度就越好。

2）偏差

偏差是指单次检测结果与多次检测结果的平均值之差，可分为绝对偏差和相对偏差。

测定结果与测定平均值之差为绝对偏差。绝对偏差占平均值的百分比为相对偏差。

3. 灵敏度

灵敏度是指检验方法和仪器能检测到的最低限度，一般用最小检出量或最低浓度来表示。如灵敏度为 0.001 mg 或 0.001 mg/L。

一般来说，仪器检测方法具有较高的灵敏度，而化学检测方法灵敏度相对较低。在选择检测方法时，要根据待测成分的含量范围选择合适的检测方法。当待测成分含量低时，须选用灵敏度高的方法；含量高时宜选用灵敏度低的方法，以减少由于稀释倍数太大所引起的误差。

4. 检验报告

检验报告的内容必须符合检测方法的规定，客观真实地反映检测结果的全部信息。其编号应按规定进行编写，确保检验报告的编号唯一性。

（1）检验报告的内容应包括以下部分：

①检验检测报告的标题。

②检测部门的全称与地址。

③检测报告的唯一编号标识和每页数及总页数。

④样品委托人的名称和地址。

⑤被检样品（对象）的名称和编号标识。

⑥被检样品（对象）的特征和状态。

⑦收样日期、检测日期和报告日期。

⑧检测标准的识别及非标准方法的说明。

⑨样品来源的说明，样品的描述，抽样的说明。

⑩偏离检测标准和检测环境的信息。

⑪必要时，应附以图表、数表、曲线、简图、照片说明测量、检测和导出的结果，以及样品失效的有关证明。

⑫对估算的检测结果不确定度的说明（如适用的、不适用的）。

⑬应有检验报告的编写人、审核人和批准人的签字。

（2）检验报告的结论。

检验报告的结论应该清晰明确，不能使用"可能""或者""大概"等含混不清的词语，并应说明下此结论所依据的标准或规范。可以包括下列内容：

①检测结果符合（或不符合）要求的意见。

②是否按委托合同要求完成全部检测项目等合同履行的情况。

③如何使用检测结论的建议。

④改进的建议。

（3）对已发检验报告的更正或增补报告应有以下内容：

①更正/增补文件的标题，如：检验检测报告的更正/增补通知书。

②检测部门的名称和地址。

③检测修改报告/补充文件的唯一编号标识和每页及总页数的标识。

④样品委托方的名称和地址。

⑤检测样品（对象）的名称和特征。

⑥检测日期。

⑦检测执行标准或方法。

⑧原报告的编号。

⑨原报告的修改之处。

⑩修改前和修改后的对照。

⑪更改原因的说明。

⑫关于本"检验检测报告的更正/增补文件"的使用和发放范围的申明。

⑬更正/增补文件的编制人、审核人和批准人的签字。

⑭更正/增补文件的签发日期。

第3章 检验前的准备

家用卫生杀虫产品的种类繁多，成分复杂，来源不一，检验的目的、项目和要求也不尽相同。家用卫生杀虫产品的取样方法，有关部门制订了严格的操作规程。本章只介绍样品在检验前的一些基本要求。

3.1 样品的采取和制备

家用卫生杀虫产品检验的一般程序为：样品的采取(抽样)、制备和保存、检测方法的选择、样品的预处理(干扰杂质的分离)、检测、数据分析处理和检验报告的撰写等步骤。

一般来说，采样误差常大于检测误差，因此，掌握采样和制样的一些基本知识是很重要的。如果采样和制样方法不正确，即使检测工作做得非常仔细和正确，也可能对生产和科研工作造成影响。

3.1.1 采样的重要性

家用卫生杀虫产品检验的首项工作是从大量的分析对象中抽取具有代表性的一部分样品作为检测样品，这项工作称之为抽样。其目的是从分析对象总体中抽取部分样品进行检测，并依此了解分析对象的基本情况。

正确抽样，必须遵循两个原则：第一，采集的样品要均匀，具有代表性，能真实反映被检家用卫生杀虫产品的组成、质量状况。第二，抽样过程中要设法保持家用卫生杀虫产品原有的理化指标，防止成分逸散或带入杂质。

抽样一般分为三步骤，分别是获得检样、原始样品和试验样品(平均样品)等步骤。从分析对象大批物料的各个部分采取的少量物料称之检样；许多份检样综合在一起称之为原始样品；原始样品经过技术处理，再抽取其中的一部分供分析检测的样品称之试验样品(简称试样)。

3.1.2 抽样

抽样数量必须满足检验项目对样品量的需要，一般抽样总量不少于 1 kg，并且一式两份，供检测、复检。

家用卫生杀虫产品的抽样一般采用随机抽样和代表性取样两种方法。随机抽样，即用抽签的方法，在取得分析对象总体的个体数及分布图后，先给每一个体编号，然后使用随机号码表，查出抽取个体号；如果没有随机号码表，那么可将分析对象总体的各个体号码写在卡片上，再从卡片中随机抽出所需个体。代表性取样，是用系统抽样法进行采样，即已经了解样品随空间(位置)和时间而变化的规律，按此规律进行采样，以便采集的样品能代表其相应部分的组成和质量，如分层取样，随生产过程的各环节采样，定期抽取货架上陈列不同时间的分析对象等形式的采样。

3.1.3 取样

当从大批家用卫生杀虫产品中抽样时，所取的样品数量较多，不便于检测，也不具有代表性，因此必须按照不同样品的要求和方法进行取样。

1. 取样方法

一般采用四分法取样，例如：将采取的蚊香，先碎成粉末，充分混匀，再将蚊香末堆成一圆锥体，压平，通过中心划"十"字，分成四等份，把任意对角的两份弃去，将余下的两份收集在一起混匀，这样就将样品缩减了一半，称之缩分一次，如此重复缩分下去，直至达到所要求的检验量为止。

2. 取样原则

(1)注意样品的代表性与均匀性。样品数量应符合检验项目需要，如蚊香包装，每盒(包)质量在 250 g 以上的则取样应不小于 4 盒(包)；每盒(包)质量在 250 g 以下的，则取样应不少于 10 盒(包)；杀虫气雾剂则取样量为 12 罐。

(2)防止取样器具污染。某些产品取样一般使用干净的不锈钢工具；包装一般用聚乙烯、聚氯乙烯等材料，并经硝酸与盐酸体积比为 3∶1 的混合溶液浸泡，以去离子水洗净晾干后备用。

(3)避免人为倾向性。因不同的人对色彩、形状、大小、位置等均会有不同的判断，往往在取样时会不自觉地有倾向性。用随机数表可克服这类误差。

(4)快速取样与送检。取样与送检的时间越快越好，因为样品放置时间过久，其成分易挥发或破坏，甚至会腐败变质，影响检验结果。

(5)做好详细记录。记录内容包括家用卫生杀虫产品品种、取样部位、数量、方式、时间和地点，送检单位和人员等。

3.1.4　制样

固体样品的制备，则是将待检的平均样品充分研磨或粉碎后，混匀后检测。杀虫气雾剂应将其在 46 ℃ 水浴中放置 1 小时，让抛射剂挥发后进行后处理后再检测。其他液体样品可直接进行预处理。

3.1.5　样品的保存

杀虫气雾剂、电热蚊香片(液)和驱蚊花露水等家用卫生杀虫产品最好的保存条件应当是：低温(5 ℃ 左右)、干燥、避光、无异味的环境。

蚊香、烟片等产品的保存条件通常是：常温、干燥、通风、避光、无异味的环境。

一般样品在检测结束后应保存 3 个月，以备需要时复查，保存期限从检验报告签发日起计算。

3.2　试样的前处理

在一般检测工作中，除干法(如发射光谱)分析外，通常先要将试样进行前处理，制成溶液，再进行检测。因为家用卫生杀虫产品的成分复杂，既有大分子的有机化合物，又有各种无机元素等。这些组分往往以复杂的结合态或络合态形式存在。当应用某种化学或物理方法对其中某种组分的含量进行检测时，其他组分常给检测过程带来干扰，从而影响检测结果。

常用的前处理方法有有机物破坏法、溶剂提取法、蒸馏法、色层分离法、化学分离法和浓缩法等6种方法。应用时应根据样品的种类、分析对象、被检组分的理化性质及所选用的检测方法决定选用哪种前处理方法。

前处理的原则主要有3点：①试样应分解完全，并在分解过程中不得引入被测组分和干扰物质。②消除干扰物质。③完整保留被测组分，并使其浓缩，以获得可靠的分析结果。

3.2.1 有机物破坏法

有机物破坏法主要用于无机元素的检测。无机元素常与植物蛋白等有机物质结合，成为难溶、难离解的化合物，从而失去其原来的特征。如需要测定无机元素的含量，则必须在检测前破坏有机结合体，释放出无机元素，才能达到检验的要求，使检测结果准确。

通常采用高温或高温加氧化条件，使有机物质分解，呈气态逸散，而被测的无机元素残留下来。根据前处理具体操作条件的不同，可分为干法和湿法两大类。

1. 干法

是一种用高温灼烧的方式破坏有机物的方法，又称之灼烧法。除汞外大多数金属元素和部分非金属元素的检测都可用此法处理样品。

1）原理

将一定量的样品置于坩埚中加热，使其中的有机物脱水炭化后，再置高温箱式电炉中（一般为500~550℃）灼烧灰化，直至残灰为白色或浅灰色为止，所得的残渣即为无机成分，可供检测用。

2）特点

此法基本不加或加入很少的试剂，故空白值低。因多数产品样品经灼烧后灰分体积很小，所以能处理较多的样品，则富集被测组分，降低了检测下限。有机物分解彻底，操作简单，不需检测人员经常看管。

3）缺点

此法所需时间长。因温度高易造成某些易挥发元素的损失。而且坩埚对检测组分有吸留作用,致使测定结果和回收率降低。

4)措施

①根据被测组分的性质,采用适宜的灰化温度。②加入助灰化剂,防止被测组分的挥发损失和坩埚吸留。如加入氯化镁或硝酸镁可使磷元素、硫元素转变为磷酸镁或硫酸镁,防止它们损失;加入氢氧化钠或氢氧化钙可使卤元素转为难挥发的碘化钠或氟化钙;加入氯化镁及硝酸镁可使砷转变为不挥发的焦砷酸镁;加硫酸可使一些易挥发的氯化铅、氯化镉等转变为难挥发的硫酸盐。通过以上几个措施可提高检测中的回收率,使检测结果更加准确。

近年来,已开发了一种低温灰化技术,此法是将样品放入低温灰化炉中,先将空气抽至 0~133.3 Pa,然后不断通入氧气,每分钟 0.3~0.8 L,用射频照射使氧气活化,在低于 150 ℃的温度下可使样品完全灰化,从而克服高温灰化的缺点。

2. 湿法

是一种利用强氧化剂,并加热消煮的方式破坏样品中有机物的方法,又称消化法,属无机消化方法。常用的有硝酸-高氯酸-硫酸法和硝酸-硫酸法两种。

1)原理

向样品中加入强氧化剂,并加热消煮,使样品中的有机物质完成分解、氧化、呈气态逸出,被测组分转化为无机物状态存在于消化液中,供检测用。

2)特点

有机物分解速度快,所需时间短。由于加热温度比干法低,故可减少待测组分挥发逸散的损失,容器吸留也少。

3)缺点

在消化过程中,常产生大量有害气体,因此操作过程需在通风橱内进行。消化初期,易产生大量泡沫外溢,故需检验人员随时照管。因试剂用量较大,空白值则偏高。

3.2.2　溶剂提取法

在同一溶剂中,不同物质具有不同的溶解度。利用样品中各组分在某一溶剂中溶解度的差异，将各组分完全或部分分离的方法，称之溶剂提取法。此法常用于家用卫生杀虫产品中有效成分、挥发速率、最低持效期等项目检测的前处理。

该方法根据样品的状态和前处理方法的不同，可分为浸提法和溶剂萃取两种。

1. 浸提法

用适当的溶剂将固体样品中的某种待测成分浸提出来的方法，称之为浸提法。根据提取方法的不同，可分为振荡浸渍法、捣碎法和索氏提取法等 3 种。

2. 溶剂萃取法

利用某组分在两种互不相溶的溶剂中分配系数的不同，使其从一种溶剂转移到另一种溶剂中，从而与其他组分分离的方法，称之为溶剂萃取法。

此法操作迅速，分离效果好，应用广泛。但萃取试剂通常易燃、易挥发且有毒性。

3.2.3 蒸馏法

利用液体混合物中各组分挥发度不同所进行分离的方法，称之为蒸馏法。该法可用于除去干扰组分，也可用于将被测组分蒸馏出来，收集馏出液进行检测。

此法具有分离和净化双重效果，其缺点是仪器装置和操作较为复杂。根据样品中被测组分性质的不同，可采取常压蒸馏、减压蒸馏、水蒸气蒸馏等蒸馏方式。

3.2.4 色层分离法

在载体上进行物质分离的方法，称之为色层分离法或色谱分离法。根据分离原理的不同，可分为吸附色谱分离、分配色谱分离和离子交换色谱分离等。

3.2.5 化学分离法

利用化学的原理，将被测组分分离出来的方法，称之为化学分离法。根据分离方法的不同，可分为磺化法、皂化法、沉淀分离法和掩蔽法等。

3.2.6 浓缩法

家用卫生杀虫产品样品经提取、净化后，有时净化液的体积较大，在检测前需进行浓缩，以提高待检成分的浓度。常用的浓缩方法有常压浓缩法和减压浓缩法。

3.3　常用玻璃器皿的准备

3.3.1　玻璃器皿的要求

　　检验离不开各种玻璃器皿，是因为玻璃具有一系列的特殊性质，如有很高的化学稳定性和热稳定性，有很好的透明度，并且有一定的机械强度和良好的绝缘性能，最重要的是玻璃原料来源方便，价廉物美，并可以用多种方法按需要制成各种不同形状的产品。

　　有些试剂对玻璃有腐蚀性(如氢氧化钠等)，需选聚乙烯瓶贮存；遇光不稳定的试剂(如硝酸银、碘等)应选择棕色玻璃瓶避光贮存。在选用玻璃器皿时还应考虑其容量及容量精度和加热的要求等。

　　1.玻璃量器的要求

　　检验时所使用的滴定管、移液管、容量瓶、刻度吸管、比色管等玻璃量器均必须按国家有关规定及规程进行校正。玻璃量器必须经彻底洗净后才能使用。

　　2.控温设备的要求

　　检验时所使用的马弗炉、恒温干燥箱、恒温水浴锅等均必须按国家有关规定进行测试和校正。

　　3.测量仪器的要求

　　天平、酸度计、温度计、分光光度计、色谱仪等均应按国家有关规定进行测试和校正。

3.3.2　常用的玻璃器皿

　　检验室所用到的玻璃器皿种类很多，所需的器皿应根据检验方法的要求来选用。这里主要介绍常用玻璃器皿的基本知识(见表3-1)。

表3-1　常用玻璃器皿名称、规格、用途一览表

名称	规格	主要用途	使用注意事项
(1)烧杯	容量/mL：10、15、25、50、100、250、400、500、600、1000、2000	配制溶液、溶样等	加热时应置于石棉网上，使其受热均匀，不可烧干
(2)三角烧瓶（锥形瓶）	容量/mL：50、100、250、500、1000	加热处理试样和容量分析滴定	除有与烧杯相同的要求外，磨口三角瓶加热时要打开塞，非标准磨口要保持原配塞
(3)碘量瓶	容量/mL：50、100、250、500、1000	碘量法或其他生成挥发性物质的定量分析	同三角烧瓶
(4)圆（平）底烧瓶	容量/mL：250、500、1000，可配橡皮塞号：5~6、6~7、8~9	加热及蒸馏液体；平底烧瓶又可自制洗瓶	一般避免直接火焰加热，可隔石棉网或各种加热套、加热浴加热
(5)圆底蒸馏烧瓶	容量/mL：30、60、125、250、500、1000	蒸馏；也可作少量气体发生反应器	同圆底烧瓶
(6)凯氏烧瓶	容量/mL：50、100、300、500	消解有机物质	置石棉网上加热，瓶口方向勿对向自己及他人
(7)洗瓶	容量/mL：250、500、1000	装纯水洗涤仪器或装洗涤液洗涤沉淀	玻璃制的带磨口塞；也可用锥形瓶自己装配；可置石棉网上加热；聚乙烯制的不可加热
(8)量筒 (9)量杯	容量/mL：5、10、25、50、100、250、500、1000、2000，量出式，量入式	粗略地量取一定体积的液体用	沿壁加入或倒出溶液，不能加热
(10)容量瓶（量瓶）	容量/mL：5、10、25、50、100、200、250、500、1000、2000，量入式，无色、棕色	配制准确体积的标准溶液或被测溶液	非标准的磨口塞要保持原配；漏水的不能用；不能直接用火加热，可水浴加热
(11)滴定管	容量/mL：5、10，无色，棕色，量出式，酸式、碱式（或聚四氟乙烯活塞）	容量分析滴定操作	活塞要原配；漏水的不能使用，不能加热；不能长期存放碱液；碱管不能放于与橡皮作用的标准溶液中

续表 3–1

名称	规格	主要用途	使用注意事项
（12）座式滴定管	容量/mL：1、2、5、10，量出式	微量或半微量分析滴定操作	只有活塞式；其余注意事项同滴定管
（13）自动滴定管	滴定管容量 25 mL，储液瓶容量 1000 mL，量出式	自动滴定；可用于滴定液需隔绝空气的操作	除有与一般的滴定管相同的要求外，注意成套保管，另外，要配打气用双连球
（14）移液管（单标线吸量管）	容量/mL：1、2、5、10、15、20、25、50、100，量出式	准确地移取一定量的液体	不能碰击，其尖嘴部分有损坏，则不能使用
（15）分度吸量管	容量/mL：0.1、0.2、0.25、0.5、1、2、5、10、25、50、完全流出式、不完全流出式	准确地移取各种不同量的液体	同移液管
（16）称量瓶	扁型： | 容量/mL	瓶高/mm	直径/mm
10	25	35
15	25	40
30	30	50 | 高型： | 容量/mL	瓶高/mm	直径/mm
10	40	25
20	50	40		扁型用作测定水分或在烘箱中烘干基准物；高型用于称量基准物、样品	不可盖紧磨口塞烘烤，磨口塞要原配
（17）试剂瓶、细口瓶、广口瓶、下口瓶	容量/mL：30、60、125、250、500、1000、2000、10000、20000，无色、棕色	细口瓶用于存放液体试剂；广口瓶用于装固体试剂；棕色瓶用于存放见光易分解的试剂	不能加热；不能在瓶内配制在操作过程中放出大量热量的溶液；磨口塞要保持原配；不要长期存放碱性溶液，存放时应使用橡皮塞

续表 3-1

名称	规格	主要用途	使用注意事项
(18)滴瓶	容量/mL: 30、60、125,无色、棕色	装需滴加的试剂	同试剂瓶
(19)漏斗	长颈:口径 50 mm、60 mm、75 mm;管长 150 mm 短颈:口径 50 mm、60 mm;管长 90 mm、120 mm,锥体均为 60°	长颈漏斗用于定量分析,过滤沉淀;短颈漏斗用作一般过滤	不可直接用火加热
(20)分液漏斗	容量/mL: 50、100、250、500、1000,玻璃活塞或聚四氟乙烯活塞	分开两种互不相溶的液体;用于萃取分离和富集;制备反应中加液体(多用球形及滴液漏斗)	磨口旋塞必须原配,漏水的漏斗不能使用;不可加热
(21)试管、普通试管、离心试管	容量/mL:试管 10、20,离心试管 5、10、15,带刻度、不带刻度	离心试管可在离心机中借离心作用分离溶液和沉淀	硬质玻璃制的试管可直接在火焰上加热,但不能骤冷;离心管只能水浴加热
(22)比色管	容量/mL: 10、25、50、100,带刻度、不带刻度,具塞、不具塞	光度分析	不可直接用火加热,非标准磨口塞必须原配;注意保持管壁透明,不可用去污粉刷洗,以免磨伤透光面
(23)吸收管	波氏吸收管,全长/mm: 173、233多孔滤板吸收管,全长/mm: 185,滤片 1[#]	吸收气体样品中的被测物质	通过气体的流量要适当;两只串联使用;磨口塞要原配;不可直接用火加热;多孔滤板吸收管吸收效率较高,可单只使用
(24)冷凝管	全长/mm: 320、370、490,直形、球形、蛇形、空气冷凝管	用于冷却蒸馏出的液体,蛇形管适用于冷凝低沸点液体蒸气,空气冷凝管用于冷凝沸点 150 ℃以上的液体蒸气	不可骤冷骤热;注意从下口进冷却水,上口出水

续表 3-1

名称	规格	主要用途	使用注意事项
(25)抽气管	伽氏、爱氏、改良式	上端接自来水龙头，侧端接抽滤瓶，射水造成负压，抽滤	不同样式甚至同型号产品抽力不一样，选用抽力大的
(26)抽滤瓶	容量/mL：250、500、1000、2000	抽滤时接收滤液	属于厚壁容器，能耐负压；不可加热
(27)表面皿	直径/mm：45、60、75、90、100、120	盖烧杯及漏斗等	不可直接火加热，直径要略大于所盖容器
(28)研钵	厚料制成；内底及杆均匀磨砂 直径/mm：70、90、105	研磨固体试剂及试样等用；不能研磨与玻璃作用的物质	不能撞击；不能烘烤
(29)干燥器	直径/mm：150、180、210，无色、棕色	保持烘干或灼烧过的物质的干燥	底部放变色硅胶或其他干燥剂，盖磨口处涂适量凡士林；不可将红热的物体放入，放入热的物体后要时时开盖以免盖子跳起
(30)蒸馏水蒸馏器	烧瓶容量/mL：500、1000、2000	制取蒸馏水	防止爆沸(加素瓷片)；要隔石棉网用火焰均匀加热或用电热套加热
(31)砂芯玻璃漏斗(细菌漏斗)	容量/mL：35、60、140、500，滤板 1#~6#	过滤	必须抽滤；不能骤冷骤热；不能过滤氢氟酸、碱等；用毕立即洗净
(32)砂芯玻璃坩埚	容量/mL：35、60、140、500 滤板 1#~6#	重量分析中烘干需称量的沉淀	同砂芯玻璃漏斗
(33)标准磨口组合仪器	磨口表示方法：上口内径/磨面长度，单位为mm，长颈系列：$\phi10/19$、$\phi14.5/23$、$\phi19/26$、$\phi24/29$、$\phi29/32$……	有机化学及有机半微量分析中制备及分离	磨口处无须涂润滑剂；安装时不可受歪斜压力；要按所需装置配齐购置

1. 容量瓶

容量瓶是一种细颈梨形平底玻璃瓶或塑料瓶，颈上有一条刻度线。容量瓶均为量入式，其精度分为 A、B 两级，A 级为高级。

(1)容量定义：在 20 ℃时，充满刻度线所容纳水的体积，以毫升计。

通常采用下述方法调定弯月面：调节液面使刻度线的上边缘与弯月面的最低点水平相切，视线应与刻度线在同一水平面上。

(2)主要用途：配制准确浓度的溶液或定量地稀释溶液。它常和移液管配合使用，可把配成溶液的某种物质分成若干等份。

(3)试漏：使用前，应先检查容量瓶与瓶塞是否密合，检查方式是在瓶内装入自来水到标线附近，盖上瓶塞，用手按住塞，倒立容量瓶，观察瓶口是否有水渗出，如果不漏，把瓶直立后，转动瓶塞约 180°后再倒立试一次。为使瓶塞不丢失不搞乱，常用塑料线将其拴在瓶颈上。

(4)洗涤：先用自来水洗，后用蒸馏水淋洗 2~3 次。如果较脏时，可用铬酸洗液 10~20 mL，盖上瓶塞，边转动边向瓶口倾斜，至洗液布满全部内壁。放置数分钟，倒出洗液，用自来水充分洗涤。再用蒸馏水淋洗后晾干备用。

(5)注意事项：①在用固体物质配制溶液时，应先在烧杯中将固体物质完全溶解，然后再转移至容量瓶中。转移时要使溶液沿搅拌棒流入容量瓶中。在将烧杯中的溶液倒尽后，不要使烧杯直接离开搅拌棒，而应在将烧杯扶正的同时使烧杯嘴沿搅拌棒上提 1~2 cm，然后使烧杯离开搅拌棒，这样可避免烧杯嘴与搅拌棒之间的溶液流到烧杯外面。用少量水(或其他溶剂)涮洗烧杯 3~4 次，每次均用洗瓶或滴管冲洗杯壁和搅拌棒，按同样的方法将洗液移入容量瓶中。②对容量瓶材料有腐蚀作用的溶液，尤其是碱性溶液，不能在容量瓶中长久贮存，配好后应转移到其他干燥容器中密闭存放。

2. 移液管

用于准确移取一定体积溶液的量出式玻璃量器，正规名称是单标线吸量管，又称之为移液管，其中间有一膨大部分(称之球状)的玻璃管，球的上部和下部均为较细窄的管颈，出口缩至很小，以防止过快流出溶液而引起误差；管颈上部刻有一定环形标线，表示在一定温度(20 ℃)下移出的体积，这种移液管称之为胖肚移液管，常用的胖肚移液管有 5 mL、10 mL、25 mL、50 mL 等规格。通常又把具有分刻度的直形移液管称之为吸量管。

1）技术要求

移液管为量出式（Ex）计量玻璃仪器，按精度的高低分为 A 级和 B 级，A 级为较高级。

吸量管是具有分刻度的玻璃量管，两端直径较小，中间管身直径相同，可以转移不同体积的溶液。吸量管转移溶液的准确度不如移液管。吸量管在检测过程中一般适用于添加试剂，不用于加标准溶液。

常用的吸量管有 1 mL、2 mL、5 mL、10 mL 等规格。有的吸量管上标有"吹"或"blow out"标识，表示在使用时，待管内液体自然流出后，必须再吹出管尖的残留液体，特别是 1 mL 以下的吸量管尤其如此。

2）洗涤

洗涤前，应先检查移液管或吸量管的管口和尖嘴有无破损，若有破损则不能使用。

新的移液管和吸量管均可用自来水洗涤，再用蒸馏水洗净，烘（晾）干后即可使用。较脏的可用铬酸洗液洗净，如需要较长时间浸泡，则应准备一个高型玻璃筒，筒底铺些玻璃毛，将移液管或吸量管直立于筒中，并倒入铬酸洗液，浸泡一段时间后，取出吸量管，沥尽洗液，用自来水冲洗，再用蒸馏水淋洗干净。洗净的标志是内壁不挂水珠。

3）注意事项

（1）由于吸量管的容量精度低于移液管，所以在移取 2 mL 以上的固定量溶液时，应尽可能使用移液管。

（2）在使用吸量管时，尽量在最高刻度线处调整零点。

（3）吸量管的种类较多，要根据所做实验的具体情况，参照相关的数据，合理地选用吸量管。

3. 滴定管

用于准确测量放出液体体积的仪器，为量出式（Ex）计量玻璃仪器。在滴定管的下端有一玻璃活塞的称之为酸式滴定管；带有尖嘴玻璃管和胶管连接的称之为碱式滴定管。

1）技术要求

滴定管必须符合国家标准 GB 12805—2011 中规定的要求,其按精度的高低可分为 A 级和 B 级。

酸式滴定管适用于装酸性和中性溶液,不适宜装碱性溶液,因为玻璃活塞易被碱性溶液腐蚀。碱式滴定管适宜于装碱性溶液,与胶管起作用的溶液(如 $KMnO_4$、I_2、$AgNO_3$ 等溶液)不能用碱式滴定管。有些需要避光的溶液,可以采用茶色(棕色)滴定管。

2)使用方法

(1)检漏。

在使用滴定管前应检查其是否漏水,活塞转动是否灵活。若酸式滴定管漏水或活塞转动不灵活,则应给活塞重新涂凡士林;若碱式滴定管漏水,则需要更换橡胶管或换一粒稍大的、表面光滑的玻璃珠。

(2)洗涤。

根据滴定管的沾污情况,采用相应的洗涤方法将其洗净。为了使滴定管中溶液的浓度不产生变化,最后还应该用滴定用的溶液润洗 3 次(每次溶液用量约为滴定管容积的 1/5),并将润洗液由滴定管下端放出。

(3)装液。

在将溶液加入滴定管时,要注意使下端出口管也充满溶液,特别是碱式滴定管,其下端的橡胶管内的气泡不易被察觉,这样就会造成读数误差。如果是酸式滴定管,那么可迅速地旋转活塞,让溶液快速流出以带走气泡;如果是碱式滴定管,那么可向上弯曲橡胶管,使玻璃尖斜向上方,然后向一边挤动玻璃珠,使溶液从尖嘴喷出,气泡便随之除去。

在排除气泡后,继续加入滴定溶液至刻度"0"位置以上,然后放出多余的溶液,调整液面于"0"刻度处,即可开始滴定。

3.3.3 玻璃器皿的洗涤

1.常用洗涤液的配制

(1)肥皂水、洗衣粉水、去污粉水:根据洗涤的情况用水配制。

(2)铬酸洗液:称取 50 g 重铬酸钾,加 170~180 mL 水,加热溶解成饱和溶液,在搅拌下徐徐加入浓硫酸至 500 mL。

（3）（1+3）盐酸洗液：1 份盐酸与 3 份水混合。

（4）王水：3 份盐酸与 1 份硝酸混合。

（5）碱性酒精洗液：用体积分数为 95% 的乙醇与质量分数为 30% 的氢氧化钠溶液等体积混合。

2. 玻璃器皿的洗涤方法

（1）新的玻璃器皿：先用自来水冲洗，晾干后用铬酸洗液浸泡，以除去黏附的其他物质，然后用自来水冲洗干净。

（2）有油污的玻璃器皿：先用碱性酒精洗液洗涤，然后用洗衣粉水或肥皂水洗涤，再用自来水冲洗干净。

（3）有凡士林油污的器皿：先将凡士林擦去，再在洗衣粉水或肥皂水中烧煮，取出后用自来水冲洗干净。

（4）有锈迹、水垢的器皿：先用 25% 盐酸洗液浸泡，再用自来水冲洗干净。

（5）瓷坩污物：先用（1+3）盐酸洗液洗涤，再用自来水冲洗干净。

（6）铂埚污物：先用（1+3）盐酸洗液煮沸并洗涤，再用自来水冲洗干净。

（7）比色皿：先用自来水冲洗，再用稀盐酸洗涤，然后用自来水冲洗干净。

（8）塑料器皿：先用稀硝酸洗涤，再用自来水冲洗干净。

为了保证以上器皿洗涤后能达到洁净的要求，要用蒸馏水冲洗掉附着的自来水，一般用蒸馏水淋洗 2~3 次。

3.3.4 玻璃容量仪器的校正

玻璃容量仪器的容积并不经常与它所标出的大小完全符合，因此，在工作开始时，尤其对于准确度要求较高的分析工作，必须对玻璃容量仪器加以校正。

容量仪器的校正方法是：称取一定质量的水，然后根据该温度时水的密度，将水的质量换算为容积。这种方法是基于在不同温度下水的密度都已经准确地测定过。在 3.98 ℃ 时，1 mL 水在真空中质量为 1.000 g，如果校正工作也是在 3.98 ℃ 和真空中进行，则称出的水的克数就等于容积的毫升数。但通常我们并不在 3.98 ℃ 而是在室温下称量水，同时不在真空里，因此，称量的结果必须按下列 3 点原则加以校正。

（1）水的密度随着温度的改变而改变的校正。

（2）对于玻璃仪器的容积由于温度改变而改变的校正。

（3）对于物体由于空气浮力而使质量改变的校正。

为了便于计算，将此3项校正值合并为总校正值（见表3-2），表中的数字表示在不同温度下，用水充满20 ℃时容积为1 L的玻璃仪器，在空气中用黄铜砝码称取的水的质量。校正后的容积是指20 ℃时该容器的真实容积。应用该表来校正容量仪器是十分方便。

玻璃容器是以20 ℃为标准而校准的，但使用时不一定也在20 ℃，因此，器皿的容量以及溶液的体积都将发生变化。器皿容量的改变是由于玻璃的胀缩而引起的，但玻璃的膨胀系数极小，在温度相差不太大时可以忽略不计。溶液体积的改变是由于溶液密度的改变所致，稀溶液一般可以用相应密度的水来代替。为了便于校准在其他温度下所测量的体积，在表3-3中列出了在不同温度下1000 mL水（或稀溶液）换算到20 ℃时，其体积对应的变化（ΔV mL）。

例如，如果在10 ℃时滴定用去25.00 mL 0.1 mol/L标准溶液，在20 ℃时应相当于25.04 mL。

表3-2 不同温度下用水充满20 ℃时容积为1 L的玻璃容器，

干空气中以黄铜砝码称取的水的质量

温度/ ℃	质量/g	温度/ ℃	质量/g	温度/ ℃	质量/g
0	998.27	14	998.04	28	995.44
1	998.32	15	997.93	29	995.18
2	998.39	16	997.80	30	994.91
3	998.44	17	997.65	31	994.64
4	998.48	18	997.51	32	994.34
5	998.50	19	997.34	33	994.06
6	998.51	20	997.18	34	993.75
7	998.50	21	997.00	35	993.45
8	998.48	22	996.80	36	993.12
9	998.44	23	996.60	37	992.80

续表 3-2

温度/℃	质量/g	温度/℃	质量/g	温度/℃	质量/g
10	998.39	24	996.38	38	992.46
11	998.32	25	996.17	39	992.12
12	998.23	26	995.93	40	991.77
13	998.14	27	995.69		

表 3-3　不同温度下每 1000 mL 水(或稀溶液)换算到 20 ℃时的校正值

温度/℃	水, 0.1 mol/L HCl, 0.01 mol/L 溶液(ΔV/mL)	0.1 mol/L 溶液(ΔV/mL)
5	+1.5	+1.7
10	+1.3	+1.45
15	+0.8	+0.9
20	0.0	0.0
25	-1.0	-1.1
30	-2.3	-2.5

注:由于滴定管读数只能准确到 0.01 mL, 约相当于 0.01 g 水, 故在称量时准确到 0.01 g 即可。

1. 滴定管的校正

将待校正的滴定管充分洗净, 并在活塞上涂以凡士林后, 加水调到滴定管"0"处(加入水的温度应当与室温相同)。记录水的温度, 将滴定管尖外面水珠除去, 然后以滴定速度放出 10 mL 水(不必恰好等于 10 mL, 但相差也不应大于 0.1 mL), 置于预先准确称过质量的 50 mL 具有玻璃塞的锥形瓶中(锥形瓶外壁必须干燥, 内壁不必干燥), 将滴定管尖与锥形瓶内壁接触, 收集管尖余滴。1 min 后读数(准确到 0.01 mL), 并记录, 将锥形瓶玻璃塞盖上, 再称出它的质量, 并记录, 两次质量之差即为放出的水的质量。

从滴定管中再放出 10 mL 水(即放至约 20 mL 处)于原锥形瓶中, 用上述同样方法称量, 读数并记录。同样, 每次再放出 10 mL 水, 即从 20 mL 到 30 mL,

30 mL 到 40 mL，直至 50 mL 为止。用实验温度时下 1 mL 水的质量(查表 2-2 数据)来除每次得到的水的质量，即可得相当于滴定管各部分容积的实际毫升数(即 20 ℃时的真实容积)。

例如，在 21 ℃时由滴定管中放出 10.03 mL 水，其质量为 10.04 g。查表知道在 21 ℃时每 1 mL 水的质量为 0.99700 g。由此，可算出 20 ℃时其实际容积为 10.07 mL。故此管容积之误差为(10.07-10.03)mL=0.04 mL

碱式滴定管的校正方法与酸式滴定管相同。

现将在温度为 25 ℃时校正滴定管的一组实验数据列于表 3-4 中。

最后一项总校正值，例如 0 mL 与 10 mL 之间为+0.02 mL。而 10 mL 与 20 mL 之间的校正值为-0.02 mL。则 0 mL 到 20 mL 之间总校正值为

$$+0.02+(-0.02)=0.00$$

由此即可校正滴定时所用去的溶液的实际量(体积)。

注：①校正时停 1 min 让壁上溶液流下来，将来使用时也应该遵守此规定。

②若已知滴定管的任何部分的 10 mL 之间的误差大于 0.1 mL，则最好再将该段分次称量少量体积(例如，每次 2 mL)进行校正。

表 3-4　滴定管校正(水温 25 ℃，1 mL 水的质量为 0.9962 g)

滴定管读数	读数的容积 /mL	瓶与水的质量/g	H_2O 的质量 /g	实际容积 /mL	校正值 /mL	总校正值 /mL
0.03		29.20 (空瓶)				
10.13	10.10	39.28	10.08	10.12	+0.02	+0.02
20.10	9.97	49.19	9.91	9.95	-0.02	0.00
30.17	10.07	59.27	10.08	10.12	+0.05	+0.05
40.20	10.03	69.24	9.97	10.01	-0.02	+0.03
49.99	9.79	79.07	9.83	9.86	+0.07	+0.10

2.移液管和吸量管的校正

移液管和吸量管的校正方法与上述滴定管的校正方法相同。

3.容量瓶的校正

将洗净、干燥、带塞的容量瓶准确称量(空瓶质量)。注入蒸馏水至标线，记录水温，用滤纸条吸干瓶颈内壁水滴，盖上瓶塞称量，两次称量之差即为容量瓶容纳的水的质量。根据上述方法算出该容量瓶 20 ℃时的真实容积数值，求出校正值。

注：称量准确度的要求应与容量瓶大小相对应，例如，校正 250 mL 容量瓶应称准至 0.1 g。

在很多情况下，容量瓶与移液管是配合使用的，因此，重要的不是要知道所用容量瓶的绝对容积，而是容量瓶与移液管的容积比是否正确，例如，250 mL 容量瓶的容积是否为 25 mL 移液管所放的 10 倍，只需要做容量瓶与移液管的相对校正出的液体体积的 10 倍即可。其校正方法如下：

预先将容量瓶洗净控干，用洁净的移液管吸取蒸馏水注入该容量瓶中。假如容量瓶容积为 250 mL，移液管为 25 mL，则共吸 10 次，观察容量瓶中水的弯月面是否与标线相切，若不相切，表示有误差，一般应将容量瓶空干后再重复校正一次，如果仍不相切，可在容量瓶颈上做一新标记，以后配合该支移液管使用时，则以新标记为准。

3.4　溶液的配制

3.4.1　溶液的基础知识

1.溶液的定义

一种以分子、原子或离子状态分散于另一种物质中构成的均匀而又稳定的体系叫溶液。

溶液由溶质和溶剂组成，用来溶解其他物质的物质叫溶剂，能被溶剂溶解的物质叫溶质。溶质和溶剂可以是固体、液体和气体。按溶剂的状态不同，溶液可分为固态溶液(如铝合金)、液态溶液和气态溶液(如空气)，一般所说的溶液是指液态溶液。水是一种很好的溶剂,由于水的极性较强,能溶解很多极性化合物,特别是离子晶体,因此,水溶液是一类最重要、最常见的溶液。以下讨论的溶液均指水溶液。

2. 溶解

在一定温度下,将固体物质放于水中,溶质表面的分子或离子由于本身的运动和受到水分子吸引,克服固体分子间的引力,逐渐分散到水中,这个过程叫作溶解。

物质在溶解过程中,有的会放热,使溶液温度升高;有的则吸热,使溶液温度降低,这个现象叫作溶解过程的热效应。物质在溶解过程中发生了两个变化,一个是溶质分子(或离子)克服它们相互间的吸引力向水分子之间扩散,这是物理变化,这个过程要吸热;另一个是溶质分子(或离子)与水分子相互吸引,结合成水合分子(或水合离子),这叫作溶剂化过程,是化学变化,这个过程要放热。

物质在水中溶解能力的大小可用溶解度衡量,溶解度即在一定温度下,某种物质在 100 g 溶剂中达到溶解平衡状态时所溶解的质量。例如:在 20 ℃ 时 KCl 在 100 g 水中最多能溶解 34.0 g,氯化钾的溶解度则是 34.0 g/100 g 水。

影响物质溶解度的因素很多,其中温度的影响较大,大多数固体物质的溶解度随温度升高而增加,例如:硝酸钾在 0 ℃ 时,100 g 水中溶解 18 g,而在 100 ℃ 时可溶解 246 g。

于常温下,在 100 g 溶剂中,能溶解 10 g 以上的物质称之为易溶物质,溶解 1~10 g 的称之为可溶物质,溶解 1 g 以下的称之为微溶及难溶物质。

溶质在溶解的同时,还进行一个相反的过程,即已溶解的溶质粒子不断运动,与未溶解的溶质碰撞,重新被吸引到固体表面上,这个过程叫作结晶。当溶解速度等于结晶速度时,溶液的浓度不再增加,达到饱和状态,这时存在着动态平衡,这种饱和状态的溶液叫饱和溶液。还能继续溶解溶质的溶液叫不饱和溶液。

3.4.2 一般溶液的配制

1. 以质量百分浓度表示的溶液的配制

1) 用固体溶质配制质量百分浓度溶液

根据质量百分浓度的定义, 在物理天平或分析天平上称取溶质质量, 所用溶剂质量应为溶液总质量减去溶质的质量, 如以水为溶剂, 一般近似认为水的相对密度为 1, 用量筒量取, 将溶质加入其中, 完全溶解即可。

2) 用较浓的液体试剂配制较稀的溶液

由于浓溶液的取用量以量取体积较为方便, 故一般需查阅酸、碱溶液的浓度-相对密度关系表, 查得溶液相对密度, 计算出体积, 然后进行配制。计算的依据仍是所取浓溶液中溶质的质量和所配的一定体积的溶液中溶质的质量相等。

2. 以浓度表示的溶液的配制

根据浓度的定义, 计算并称取出所需溶质的质量, 用溶剂溶解后转移至容量瓶中, 用溶剂定容即可。

3. 用市售浓溶液配制稀溶液的方法

根据浓溶液稀释前后溶质的量相等, 列出以下关系式, 再根据稀释规则进行配制。

4. 比例浓度溶液的配制

【例】欲配制体积比为 1:2 盐酸溶液 150 mL, 如何配制?

【解】设取浓盐酸 x mL, 用水量应为 $2x$ mL, 据比例浓度定义, 有 $x+2x=150$ mL, $x=50$ mL。

配制方法为量取水 100 mL 于烧杯中, 加入浓盐酸 50 mL, 混匀即可。

3.4.3 标准溶液的配制

1. 定义

已知准确浓度的溶液叫标准溶液。标准溶液浓度的准确直接影响检验结果的准确度, 因此, 配制标准溶液在检测方法、使用仪器、量具和试剂方面都有严格的要求。一般按照 GB 601—2016 国家标准的要求制备标准溶液, 其要求

如下:

(1)制备标准溶液用水,在未注明其他要求时,应符合 GB 6682—2016 三级水的规格。

(2)所用试剂的纯度应在分析纯以上。

(3)所用分析天平的砝码、滴定管、容量瓶及移液管均需定期校正。

(4)标定标准溶液所用的基准试剂应为容量分析工作基准试剂,制备标准溶液所用试剂为分析纯以上试剂。

(5)制备标准溶液的浓度指 20 ℃时的浓度,在标定和使用时,如温度有差异,应按有关要求进行补正。

(6)"标定"或"比较"标准溶液浓度时,平行试验不得少于 8 次,2 个人各做 4 次平行测定,每人 4 次平行测定结果的极差(即最大值和最小值之差)与平均值之比不得大于 0.15%,结果取平均值。浓度值取 4 位有效数字。

(7)对凡规定用"标定"和"比较"两种方法测定浓度时,不得略去其中任何一种,且 2 种方法测得的浓度之差不得大于 0.2%,以标定结果为准。

(8)制备的标准溶液浓度与规定浓度相对误差不得大于 5%。

(9)配制浓度等于或低于 0.02 mol/L 的标准溶液时,应于临用前将浓度高的标准溶液用煮沸并冷却的水稀释,必要时重新标定。

(10)进行碘量法反应时,溶液的温度不能过高,一般在 15 ~ 20 ℃ 之间进行。

(11)滴定分析用标准溶液在常温下(15~20 ℃)保存一般不得超过 2 个月。

2.配制方法

标准溶液配制方法有直接配制法和标定法两种。

1)直接配制法

在分析天平上准确称取一定量已干燥的"基准物"溶于水后,转入已校正的容量瓶中用水稀释至刻度,摇匀,即可算出其准确浓度。

作为"基准物",应具备下列条件:

(1)纯度高。含量一般要求在 99.9%以上,杂质总含量小于 0.1%。

(2)组成与化学式相符,包括结晶水。

(3)性质稳定。在空气中不吸湿,加热干燥时不分解,不与空气中氧气、二氧化碳等作用。

（4）使用时易溶解。

（5）最好是物质的量较大。这样，称样量较多，可以少称量误差。

2）标定法

很多物质不符合基准物的条件。例如，浓盐酸易挥发，固体氢氧化钠易吸收水分和二氧化碳，高锰酸钾不易提纯等。它们都不能直接配制标准溶液。一般是先将这些物质配成近似所需浓度溶液，再用基准物测定其准确浓度。这一操作叫作"标定"。标定的方法有如下两种：

（1）直接标定。准确称取一定量的基准物，溶于水后用待标定的溶液滴定，至反应完全。根据所消耗待标定溶液的体积和基准物的质量，计算出待标定溶液的准确浓度，计算公式为

$$C_B = \frac{m_A}{V_B \times M_A} \times 1000 \tag{3-1}$$

式中：C_B——待标定溶液的浓度，mol/L；

　　　m_A——基准物的质量，g；

　　　M_A——基准物的物质的量物质的量，g/mol；

　　　V_B——消耗待标定溶液的体积，mL。

例如：标定 HCl 或 H_2SO_4，可用基准物无水碳酸钠，在 270~300 ℃烘干至质量恒定，用不含 CO_2 的水溶解，选用溴甲酚绿-甲基红混合指定剂指示终点。

（2）间接标定。有一部分标准溶液，没有合适的用以标定的基准试剂，只能用另一已知浓度的标准溶液来标定。如乙酸溶液用 NaOH 标准溶液来标定，草酸溶液用 $KMnO_4$ 标准溶液来标定等，当然，间接标定的系统误差比直接标定要大些。

3.4.4　配制溶液注意事项

（1）检验室所用的溶液应用纯水配制，容器应用纯水洗 3 次以上。特殊要求的溶液应事先作纯水的空白值检验。如配制 $AgNO_3$ 溶液，应检验水中无氯离子，配制用于 EDTA 络合滴定的溶液应检验水中无阳离子。

（2）溶液要用带塞的试剂瓶盛装，见光易分解的溶液要装于棕色瓶中，挥

发性试剂如用有机溶剂配制的溶液，瓶塞要严密，见空气易变质及放出腐蚀性气体的溶液也要盖紧，长期存放时要用蜡封住。浓碱液应用塑料瓶装，如装在玻璃瓶中，要用橡皮塞塞紧，不能用玻璃磨口塞。

（3）每瓶试剂溶液必须有标明名称、规格、浓度和配制日期的标签。

（4）溶液储存时可能有以下原因使溶液变质。

①玻璃或多或少会被水和试剂的作用侵蚀（特别是碱性溶液），使溶液中含有钠、钙、硅酸盐等杂质。某些离子被吸附于玻璃表面，这对于低浓度的离子标准液不可忽略。故低于 1 mg/mL 的离子溶液不能长期储存。

②由于试剂瓶密封不好，空气中的 CO_2，O_2，NH_3，或酸雾侵入使溶液发生变化。

③某些溶液见光分解，如硝酸银、汞盐等。有些溶液放置时间较长后逐渐水解，如铋盐、锑盐等。$Na_2S_2O_3$ 还能受微生物作用逐渐使浓度变低。

④某些络合滴定指示剂溶液放置时间较长后发生聚合和氧化反应等，不能敏锐指示终点，如铬黑 T、二甲酚橙等。

⑤由于易挥发组分的挥发，使浓度降低，导致实验出现异常现象。

⑥配制硫酸、磷酸、硝酸、盐酸等溶液时，都应把酸倒入水中。对于溶解时放热较多的试剂，不可在试剂瓶中配制，以免炸裂。配制硫酸溶液时，应将浓硫酸分为小份慢慢倒入水中，边加边搅拌，必要时以冷水冷却烧杯外壁。

⑦用有机溶剂配制溶液时（如配制指示剂溶液），有时有机物溶解较慢，应不时搅拌，可以在热水浴中温热溶液，不可直接加热。易燃溶剂使用时要远离明火。几乎所有的有机溶剂都有毒，应在通风柜内操作。应避免有机溶剂不必要的蒸发，烧杯应加盖。

⑧要熟悉一些常用溶液的配制方法。如碘溶液应将碘溶于较浓的碘化钾水溶液中，才可稀释。配制易水解的盐类的水溶液应先加酸溶解后，再以一定浓度的稀酸稀释。

⑨不能用手接触腐蚀性或有剧毒的溶液。剧毒废液应作解毒处理，不可直接倒入下水道。

第4章　蚊香产品的检测

蚊香是以家用卫生杀虫剂、植物性粉末、炭质粉末、黏合剂和着色剂等原料混合制成的盘式固装体，点燃后，药剂以气体状态作用于蚊虫，起到驱蚊虫效果的产品。目前蚊香的主要产品有：盘式蚊香、棒香和线香。

4.1　外观和感官的检测

4.1.1　外观检测

1.技术要求
产品应完整，色泽均匀，无霉斑，无断裂、变形和缺损。

2.测试方法
目测 10 盘蚊香。

4.1.2　感官

1.技术要求
同一产品可使用多种香型，其香型应与明示香型相符合，无异味。

2.测试方法
点燃 10 盘蚊香后用嗅觉判断。

4.2　抗折力的检测

蚊香抗折力是指单圈蚊香抗折断的能力。其抗折力强度通常与蚊香原料质量、原料配比度以及水分含量相关联。

4.2.1　检测方法

1.仪器

抗折力测试仪。

2.技术要求

单圈抗折力应≥1.5 N。

3.测试条件

温度：(23±3)℃，相对湿度：(65±15)%。

4.操作步骤

打开包装，在上述测试条件下放置24 h后测试，将单圈蚊香置于蚊香支架中(图4-1)，其中一边凹槽距蚊香点燃端2 cm，然后将蚊香与蚊香支架一起放在蚊香抗折力测试仪上(图4-2)，并调整零位(量程0~2000 g)。用手转动螺丝指针降低并调至蚊香的头(或眼)中，螺丝轻轻地旋转压下直至蚊香断裂。记录蚊香断裂时蚊香抗折力测试仪上的读数，并将单位换算成牛顿，同时测试10盘蚊香。

4.2.2　结果计算

$$X = \frac{m_1 \times N}{1000} \tag{4-1}$$

式中：X——抗折力，N；

m_1——抗折力测试仪读数，g；

N——换算单位，9.8 N/kg。

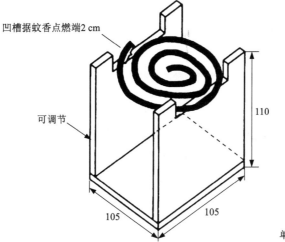

凹槽据蚊香点燃端2 cm

可调节

110

105　105

单位：mm

图 4-1　蚊香支架

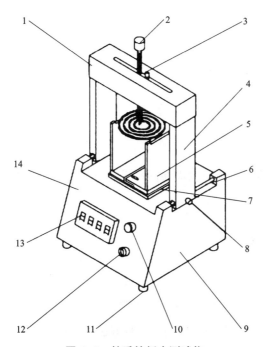

图 4-2　蚊香抗折力测试仪

1—护罩；2—下压调节螺杆；3—螺杆快速复位；4—螺杆调节支架；5—蚊香可调支架；6—滑杆；7—力值采集平板；8—螺杆调节支架锁紧；9—螺杆调节支架锁紧；10—电源指示；11—底座脚；12—主电源开关；13—力值显示屏；14—前面板

4.3 脱圈性的检测

4.3.1 定义

通常情况下，传统盘式蚊香是由两圈闭合环扣在一起的，尾部有一个连接点，在使用时，要用手掰开使用，故而脱圈性就是指：除连接点外，产品其他部分均易完整脱开。

4.3.2 检测方法

掰开蚊香的连接点，从相反方向轻推蚊香，逐渐分为两单圈，香体不应断裂，同时测试 10 盘蚊香。

4.4 平整度的检测

4.4.1 定义

蚊香的平整度是指蚊香盘面在同一平面空间范围内的平坦程度。是衡量蚊香外观的一项重要技术指标。

4.4.2 技术要求

产品表面平整度应符合以下试验要求：

用两块长 150 mm、宽 150 mm 的透明平板玻璃组合成平行间距为 8 mm 的卡板，蚊香能在卡板中间自然通过，同时测试 10 盘蚊香。

4.4.3 检测方法

将蚊香平放置在以上规定尺寸的卡板中，使其能够在卡板中间自然通过，则定为平整度符合，10 盘蚊香样品 8 盘通过视为合格。

4.5　水分的检测

4.5.1　定义

水分是指蚊香产品本身内部的含水量。蚊香水分含量的适度是蚊香产品保存期限的重要质量指标之一。

4.5.2　技术要求

蚊香产品的水分应不大于 10%。

4.5.3　测定方法

将一盘蚊香用天平称质量为 m_1（精确至 0.01 g），放入温度为（105±5）℃的烘箱中烘 1.5 h。取出放置干燥器中冷却至室温后立即称量直至恒重 m_2（精确至 0.01 g），同时进行平行实验，按式（4-2）进行计算：

$$w_{水分} = \frac{m_1 - m_2}{m_1} \times 100\% \qquad (4-2)$$

式中：$w_{水分}$——水分，%；

m_1——干燥前质量，单位为克（g）；

m_2——干燥后质量，单位为克（g）。

4.6　燃点时间的检测

4.6.1　定义

燃点是指将物质在空气中加热时，开始并继续燃烧的最低温度。连续燃点时间是指蚊香点燃到终燃（即熄灭）的时间。

4.6.2　技术要求

蚊香燃点时间应不小于 7.0 h，中途不得熄灭。

特殊规格的产品应明示燃点时间，其燃点时间应不小于明示时间，点燃产品立即计时，中途不得熄灭。

4.6.3 检测条件

(1)室温：(23±3)℃。

(2)相对湿度：(65±15)%。

(3)在无强制对流空气的环境中进行测试。

4.6.4 操作步骤

1.传统测试法

将被测样品在上述测试条件下放置 24 h 后，同时点燃 10 盘样品，放在产品包装提供的支架上，分别置于 1 m×1 m×1 m 敞口的燃点柜中间区域内，记录点燃到熄灭的时间。

2.蚊香燃点时间测试仪法

将 10 盘被测样品在上述测试条件下放置 24 h 后，接通仪器电源—开启仪器—输入密码—系统清零—点燃样品，放置在仪器支架上—同时按下计时键计时—记录时间数(分钟)—计算时间(总分钟/60 秒)—得出连续燃点时间。

4.6.5 结果计算

$$Y = \frac{t_2 - t_1}{t_3} \tag{4-3}$$

式中：Y——连续燃点时间(h)。

t_1——初燃时间(h：min：s)。

t_2——终燃时间(h：min：s)。

t_3——用于换算单位，60 min/h。

4.7 盘平均质量或净含量的检测

蚊香盘平均质量(净含量)是指蚊香产品拆封后，其单盘蚊香的质量。

4.7.1 技术要求

盘平均质量或净含量(单位为 g)应明示于包装上;盘平均质量或净含量偏差应符合《定量包装商品计量监督管理方法》中相应规定(见表4-1)。

表4-1 允许短缺量

质量或体积定量包装商品的	允许短缺量(T)	
标注净含量 Q_n(g 或 mL)	Q_n 的百分比	g 或 mL
0~50	9	
50~100		4.3
100~200	4.5	
200~300		9
300~500	3	
500~1000		15
1000~10000	1.5	
10000~15000		150
15000~50000	1	

4.7.2 检测条件

(1)温度为(23±3)℃。

(2)相对湿度为(65±15)%。

4.7.3 检测方法

取整包试样，在以上检测条件下，测定并计算盘平均质量或净含量。

4.8 蚊香有效成分含量的检测

有效成分是指具有生物杀虫活性的化学成分，蚊香有效成分的使用应按照国家有关部门规定进行登记允许使用的药剂。

4.8.1 含量要求

有效成分含量应在产品包装上明示。蚊香产品有效成分含量应当在标明值的 80%～140%之间。

4.8.2 测定方法

1. 定性试验

本定性试验可与有效成分含量的测定同时进行，在相同的色谱操作条件下，试样溶液某一色谱峰的保留时间与标样溶液中有效成分的保留时间，其相对差值应在 1.5%以内。

2. 定量试验

样品用邻苯二甲酸或邻苯二甲酸二戊酯作内标物，在内涂 SE-54 毛细管柱上进行气相色谱分离和测定。

3. 仪器

(1)气相色谱仪：具有氢火焰离子化检测器。

(2)色谱柱：ϕ0.25 mm×30 m×0.25 μm，内涂 SE-54 毛细管柱。

(3)微量注射器：10 μL。

(4)磨口三角瓶。

(5)天平：分度值为 0.1 mg。

(6)粉碎机。

(7)筛子：标准分样筛 0.154 mm(100 目/英寸)。

(8)滤纸。

(9)振荡器。

4.试剂

(1)内标物:邻苯二甲酸二丁酯或邻苯二甲酸二戊酯,不含干扰杂质。

(2)溶剂:丙酮、甲醇(分析纯)。

(3)标准样品:烯丙菊酯、炔丙菊酯、氯氟醚菊酯和四氟甲酯菊酯等。

5.气相色谱条件

(1)温度:柱温:220 ℃;汽化温度:250 ℃;检测器温度:250 ℃。

(2)载气:氮气。

上述操作条件系典型操作参数,可根据不同仪器特点,对给定的操作条件适当调整,以期获得最佳效果。

6.标准溶液的制备

在一支磨口三角瓶中准确称取与被测样品相当的标准样品约 0.03~0.04 g(精确至 0.0002 g),再称取邻苯二甲酸二丁酯或邻苯二甲酸二戊酯 0.015~0.025 g(精确至 0.0002 g),加入甲醇-丙酮混合溶液(体积比为 1:1),充分溶解后,闭塞摇匀,放入冰箱待用。

7.样品溶液的制备

(1)样品的前处理:一盒试验样品取中间的一盘粉碎后,过 0.154 mm(100目/英寸)标准分样筛,取其一半蚊香粉末待用(另一半做热贮稳定性测试)。

(2)蚊香提取液的制备:在磨口三角瓶中准确称取蚊香粉末 10~15 g(精确至 0.0002 g,估计被测成分约为 0.03~0.04 g),再称取内标物 0.015~0.025 g(精确至 0.0002 g),最后加入甲醇-丙酮混合溶液(体积比为 1:1),以能淹没样品略过量为宜,闭塞在振荡器上充分震荡 20 min,静置过滤至 10 mL 玻璃瓶中,供气相色谱分析。

8.操作步骤

在上述色谱条件下气相色谱仪稳定后,连续用微量注射器注入标样溶液,直至相邻两针标准物与内标物的峰面积比变化小于 1.5%时,按标样溶液、样品溶液、样品溶液、标样溶液的顺序进样分析。

4.8.3 结果计算

将测得的样品溶液中的样品峰与内标峰面积比及标样溶液中内标峰与标样峰面积比分别计算平均值，按式(4-4)和式(4-5)计算待测有效成分的质量分数。

校正因子f：

$$f = A_2 \times \frac{m_{i2}}{m_{x2}} \times C_标 \qquad (4-4)$$

待测成分的质量分数w_x：

$$w_x = f \times \frac{m_{x1}}{m_{i1}} \times A_1 \times 100\% \qquad (4-5)$$

式中：A_1——样品溶液中样品峰与内标峰面积比的平均值；

A_2——标样溶液中内标峰与标样峰面积比的平均值；

m_{x1}——样品溶液中内标物的质量，单位为克(g)；

m_{x2}——标样溶液中内标物的质量，单位为克(g)；

m_{i1}——样品溶液中样品的质量，单位为克(g)；

m_{i2}——标样溶液中标准物质的质量，单位为克(g)；

$C_标$——标准物质的含量，%。

4.8.4 结果判定

有效成分含量不合格，可在同批抽样产品中进行二次测试。如仍不合格，则该项判定为不合格。

4.9 蚊香烟尘量的检测

蚊香烟尘量是指一定质量蚊香燃烧后所产生燃烧产物的量。

4.9.1 技术要求

(1)无烟、微烟蚊香的产品分类应在包装上明示。

(2)烟尘量应符合表 4-2 要求。

表 4-2　蚊香烟尘量标准

产品分类	烟尘量（mg/g）
无烟	≤5
微烟	≤30

4.9.2　测定方法

1.仪器设备

(1)蚊香烟尘量测试仪(图 4-3);

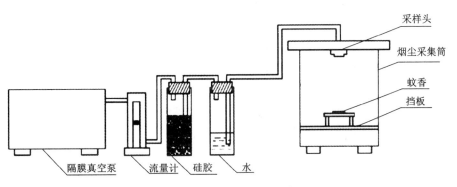

图 4-3　烟尘量仪器设备示意图

(2)不锈钢镊子;

(3)分析天平(分度值 0.1 mg);

(4)干燥器(内装变色硅胶);

(5)滤纸;

(6)超细玻璃纤维滤纸直径 40 mm,微孔 0.3 μm。

2.操作步骤

如图 4-3 所示,将蚊香及滤纸在干燥器中放置 4 h 后开始试验。将采样头安装在采集筒上盖中心处,将超细玻璃纤维滤纸用分析天平称量,将滤纸固定在采样头上。从被测蚊香上截取一段蚊香作为被测样品,称量至(0.60 ± 0.05)g。调节采样气体流量计至刻度 5 L/min,将被测蚊香样品点燃放在采样筒内,置于筒底中心位置使其对准采样头,采样滤纸距蚊香的高度为 10 cm,待被测蚊香样品燃尽后将滤纸取下放入干燥器内,1 h 后用分析天平称量。

同时用另一滤纸做采样筒内空白对照。

4.9.3 结果计算

根据测定数据,按式(4-6)进行烟尘量 X 的计算,以 mg/g 表示。

$$X=\frac{(m_2-m_1)-(m_4-m_3)}{m}\times1000 \qquad (4-6)$$

式中:m_1——采样前滤纸质量,单位为克(g);

　　　m_2——采样后滤纸质量,单位为克(g);

　　　m_3——采样前对照滤纸质量,单位为克(g);

　　　m_4——采样后对照滤纸质量,单位为克(g);

　　　m——被测样品质量,单位为克(g)。

4.10 热贮稳定性的检测

热贮稳定性试验是通过加温(一般为 54 ℃)贮存所取得的试验数据,来推测常温贮存条件下的产品稳定性。

4.10.1 测定方法

一盒试验样品中取中间的一盘粉碎后,过 0.154 mm(100 目/英寸)标准分样筛,放入氟乙烯试剂瓶中密封(另一半做有效成分含量测试),然后放置在(54 ± 2) ℃的恒温箱内 14 d,取出试样后在 24 h 内按有效成分含量测定方法测试并计算降解率。

4.10.2 结果计算

有效成分降解率按式(4-7)进行计算。

$$降解率 = \frac{\omega_1 - \omega_2}{\omega_1} \times 100\% \qquad (4-7)$$

式中：ω_1——热贮前测出的样品有效成分含量；

　　　ω_2——热贮后测出的样品有效成分含量。

4.10.3　结果判定

降解率不合格，可在同批产品中进行二次测试。如仍不合格，则该项判定不合格。

4.11　药效的检测

4.11.1　密闭圆筒法

药效是指在规定条件下及规定时间内，应达到的驱(灭)蚊虫的效果。一般以"击倒时"来计算，即在规定条件下，50%的试虫被击倒(即仰倒)所需的时间。用 KT_{50}(median knockdown time)来计算击倒值。

1.技术要求

$KT_{50} \leqslant 8.0$ min。

2.测定方法

供试昆虫：采用标准试虫(蚊)，指羽化后第 2 天至第 3 天未吸血的雌性成蚊，北方地区用淡色库蚊，南方地区用致乏库蚊。

3.测定条件

(1)温度：(26±1) ℃。

(2)相对湿度：(60±10)%。

4.仪器

(1)密闭圆筒装置(图 4-4)。

内径 20 cm、高 43 cm 的玻璃或透明无色塑料圆筒(C)架于高为 30 cm 的木架(I)上。圆筒上下各有一块直径 27 cm 的玻璃或透明无色塑料圆版(E、F)。上圆板中央有直径 2 cm 的圆孔，用胶塞(G)塞住。下圆板中央有直径 5 cm 的圆孔，用胶塞(H)塞住，胶塞(H)上架有蚊香架(B)，供架被测试蚊香用。圆筛与上、下圆板相接处分别用橡胶垫圈(D₁、D₂)垫着，以防烟雾泄漏。

(2)吸蚊管。

(3)秒表。

(4)计数器。

5.测试步骤

采用吸蚊管从饲养笼内吸取试蚊 30只，自密闭圆筒(图4-4)下方圆板(F)的中央圆孔处放入，塞紧胶塞(H)。待试虫恢复正常活动时，任取被测试蚊香一段，水平状架在蚊香架上，在另一处预先点燃 5 min后，移至圆筒内，烟熏 1 min，将蚊香移去，立即塞上胶塞(H)，并计时，每隔一定时间记录被击倒的试蚊数。观察时限为 20 min。将全部试蚊移至清洁的养虫笼中，并用 5%糖水棉球喂养，24 h 时检查死蚊数。重复测试 3 次，且重复实验用蚊香应在不同盘蚊香随机采取。每次试验结束后，必须清

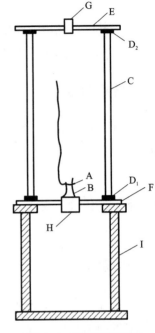

图4-4　密闭圆筒装置

A—蚊香；B—蚊香架；C—玻璃或透明无色塑料圆筒，D₁、D₂—橡胶垫圈；E—玻璃或透明无色塑料圆板，F—玻璃或透明无色塑料圆板，H—橡胶塞；I—支架。

洗整个试验装置，然后进行下一次的试验。同时须进行空白测试，空白测试的击倒率和死亡率如大于20%，整个测试须重新进行。

6.计算及结果评价

将测试的三次重复数据按机值法计算求出 KT_{50}、毒力回归线及 24 h 时试虫死亡率。空白测试虫死亡率在5%至20%之间时须求出试虫的更正死亡率。

7.蚊香药效结果评价

根据 KT_{50} 进行药效评价。药效结果分为 A、B 两级，达不到 B 级标准者属不合格产品，如表4-3所示。

表 4-3　蚊香药效评价指标值

级　别	A	B
药效指标 KT_{50}	≤4.0 min	≤8.0 min

4.11.2　模拟现场法

蚊香模拟现场是运用模拟空间场景的一种测试蚊香药效的一种试验方法。

1.试验对象

蚊：淡色库蚊（Culex pipienspallens）（北方地区）或致倦库蚊（Culex pipiensquinquefasciatus）（南方地区），羽化后第 3~5 天未吸血的雌性成虫。

2.仪器设备

（1）模拟现场：近似正方形间，容积 28 m³，高度不应低于 2.5 m，至少应在相对两个墙面装有能观察到的各角落的密闭玻璃窗。

（2）挂笼：圆柱体形，直径 150 mm，高 250 mm，围以 12 目纱网。

（3）无色透明缸：圆柱体形，直径 200~270 mm，高 140~170 mm。

（4）白色陶瓷桶：直径 400 mm，高 400 mm。

3.试验方法

1）试验条件

（1）温度（26±1）℃。

（2）相对湿度：（65±10）%。

2）试验步骤

释放试虫（蚊虫 100 只）于模拟现场内，待试虫恢复正常活动后，将供试药剂放置于地面中央，点燃后，试验人员立即离开现场，关紧门窗，并计时。1 h 后收集击倒蚊虫，并放置清洁的养虫笼中恢复标准饲养（5%的糖水棉球饲喂）。未击倒试虫不收回，不计入活虫数。

4.计算

重复测试的数据按线性加权回归法计算 KT_{50}、毒力回归方程，按式（4-8）计算 24 h 死亡率，结果保留 2 位小数。

$$P = \frac{K}{N} \times 100\% \qquad\qquad (4-8)$$

式中：P——死亡率，%；

K——表示死亡虫数，单位为只；

N——表示处理总虫数，单位为只。

5. 评价

根据击倒率和死亡率进行药效评价，具体评价指标见表4-3和表4-4。药效结果分为A、B两级，达不到B级标准者属不合格产品。室内药效结果与模拟现场药效结果不一致时，综合评价，按低级别定级。

表4-4　蚊香模拟现场评价指标

试虫	蚊香击倒率/%	
	A	B
蚊	不低于90	不低于70

4.12　检验规则

蚊香产品的出厂检验需经质量部门按照相关标准检验合格后方可出厂，并附有使用说明和检验合格证明。检验一般分为出厂检验和型式检验。

4.12.1　出厂检验

出厂检验采用GB/T 2828.1—2012特殊检查水平S-2的正常检查一次抽样方案，接收质量限(AQL)，B类为6.5、C类为10。出厂检验项目、不合格分类指标见表4-5。

表 4-5　出厂检验评价指标

序号	检验项目	不合格分类	接收质量限(AQL)
1	外观和感官	C	10
2	抗折力	B	6.5
3	脱圈性		
4	平整度		

4.12.2　型式检验

有下列情形之一时应进行型式检验：

(1)新产品或老产品转厂生产的试剂定型鉴定。

(2)正式生产后，如结构、材料、工艺有较大改变，可能影响产品性能时。

(3)正常生产时，对批量产品进行抽样检查，每年至少一次。

(4)产品停产半年以上，恢复生产时。

(5)出厂检验结果与上次型式检验有较大差异时。

(6)国家监督抽查提出的型式检验要求时。

型式检验采用 GB/T 2829—2002 判别水平 II 的一次抽样方案，其检验项目、不合格分类、样本大小、不合格质量水平(RQL)及判定数组见表 4-6。型式检验出现一项不合格即综合判定不合格。

表 4-6　型式检验评价指标

序号	检验项目	不合格分类	样本大小	RQL	判定数组
1	外观和感官	C	10 盘	50	3, 4
2	平整度				
3	抗折力	B	10 圈	40	2, 3
4	脱圈性		10 盘		
5	连续燃点时间		10 圈		
6	水分	水分应不大于 10%，否则判定为不合格			

第5章 杀虫气雾剂的检测

　　杀虫气雾剂是指将家用卫生杀虫剂、溶剂、助剂密封充装在气雾包装容器内,借助抛射剂的压力把内容物通过阀门和促动器按预定形态喷出,用于杀灭害虫的一种产品。杀虫气雾剂自 1982 年在我国首次研制成功以来,由于其杀灭效果好,便于携带、使用、储存、杀虫效果明显等独特优点而得到迅速发展。杀虫气雾剂的生物效果是衡量气雾剂产品质量的主要根据,而其杀虫有效成分和剂量又是影响生物效果的重要因素。

　　本章主要介绍杀虫气雾剂中相关检验指标的检测。

5.1　外观和感官的检测

5.1.1　外观

　　测试方法:目测。

　　要求:印刷图文清晰,无明显划伤和污迹,罐体无明显凹陷,无锈斑。

5.1.2　感官

　　测试方法:嗅觉判断。

　　要求:同一产品可为无味型或多种香型,其香型应与明示香型相符合,无异味。

5.2　净含量的检测

净含量是指除去包装容器和其他包装材料后内装商品的量。杀虫气雾剂的净含量应明示在罐体上，用容积或质量单位标注，其偏差应符合国家质量监督检验检疫总局令 75 号中附表 3 相应规定。杀虫气雾剂的净含量有两种表现形式：净容量或净质量，一般以净容量表示。

5.2.1　净容量的测定

1. 仪器

带刻度的玻璃气雾剂试管：容量 90 mL，最小分度值 1 mL。

电子分析天平：分度值不低于 0.01 g。

2. 试验温度

试验温度为（25±3）℃。

3. 测定步骤

取试样称其净质量 m_1，装配好玻璃气雾剂试管，采用无吸管的阀门，将玻璃气雾剂试管擦拭干净，先注入适量抛射剂 10 mL 左右，然后喷空称其质量 m_2。

通过一截长约 8 mm、内径略大于试样阀杆直径的塑料管（可采用气雾剂阀门吸管），在对接之前需充分摇匀，将二者的阀杆对接起来，然后将试样与玻璃气雾剂试管水平放置，适当用力挤压，使试样与玻璃气雾剂试管相互接通，使其内容物注入玻璃气雾剂试管中。如转移后的内容物为气相，则对试样与玻璃气雾剂进行旋转，直至转移后的内容物为液相。当注入内容物占玻璃气雾剂试管容积的 65%~75% 时，停止挤压，取下试样，称取此时玻璃气雾剂的试管质量 m_3，将玻璃试管气雾剂置于（25±3）℃的环境中约 30 min，待其中的内容物液面稳定后，读取液面的刻度，记下 V_1 值。

4. 结果的计算

按式(5-1)计算每支试样的净容量，以 mL 表示。

$$净容量 = \frac{m_1}{m_3 - m_2} \times V_1 \tag{5-1}$$

式中：m_1——试样的净质量，g；

　　　m_2——待注入试样内容物的玻璃气雾剂试管的质量，g；

　　　m_3——注入试样内容物后的玻璃气雾剂试管的质量，g；

　　　V_1——导入玻璃气雾剂管中的容量，mL。

结果判定：杀虫气雾剂净容量不合格，可在同批抽样产品中进行二次测定。如仍不合格，则该判定为不合格。

5.2.2　净质量的测定

1. 仪器

电子分析天平：分度值为 0.01 g。

2. 测定步骤

称取试样质量 m_1，然后按产品标示的喷射方法喷出内容物，直到喷不出内容物为止，再称取质量 m_2，按式（5-2）计算试样的净质量 m。

$$m = m_1 - m_2 \qquad (5-2)$$

式中：m——试样的净质量，g；

　　　m_1——杀虫气雾剂喷射前质量，g；

　　　m_2——杀虫气雾剂喷射后质量，g。

杀虫气雾剂允许短缺量。允许短缺量是指单件定量包装商品的标注净含量与其实际含量之差的最大允许量值（或者数量），应符合表 5-1 所示数值。

表 5-1　允许短缺量

质量或体积定量包装商品的标注净含量(Q_n)g 或 mL	允许短缺量(T)	
	Q_n 的百分比	g 或 mL
0~50	9	—
50~100	—	4.5
100~200	4.5	—
200~300	—	9
300~500	3	—

续表 5-1

质量或体积定量包装商品	允许短缺量(T)	
的标注净含量(Q_n)g 或 mL	Q_n 的百分比	g 或 mL
500~1000	—	15
1000~10000	1.5	—
10000~15000	—	150
15000~50000	1	—

5.3　雾化率的检测

雾化率是指杀虫气雾剂可喷出物占内容物总量的质量分数，要求产品喷出后应呈雾状。雾化率指标要求不小于 98%。

5.3.1　仪器

(1)恒温水浴锅：控温精度±2 ℃。

(2)天平：分度值不低于 0.01 g。

5.3.2　测定步骤

取试样置于(25±2) ℃的水浴中，使水浸至试样高度的五分之四处，恒温 30 min，取出试样擦干，称取质量 m_1(精确至 0.1 g)，摇动试样，按试样标示的喷射方向喷出内容物，直到喷不出内容物为止，再称取质量 m_2(精确到 0.1 g)，将试样开孔并清除余液，再称取皮重 m_3(精确至 0.1 g)。

雾化率按式(5-3)进行计算：

$$雾化率(\%)=\frac{m_1-m_2}{m_1-m_3}\times100\%　　　　(5-3)$$

式中：m_1——试样喷射前的质量，g；

m_2——试样喷射后的质量，g；

m_3——试样清除余液后的质量，g。

5.4 内压的检测

杀虫气雾剂的内压是指气雾剂罐内部对气雾剂罐体产生的压力。杀虫气雾剂的内压值应不高于 1.0 MPa。

5.4.1 仪器

(1)压力表:量程(0~1.6)MPa,精度 2.5 级。

(2)专用接头。

(3)计时器。

(4)恒温水浴锅:控温精度±2 ℃。

5.4.2 测定步骤

按产品说明的要求正确按压阀门的促动器,排除滞留在阀门和吸管中的空气,然后将试样至于(55±2) ℃的水浴中,使水浸至罐身高度的五分之四处,恒温 30 min,戴厚皮手套,取出试样迅速擦干。拔掉阀的促动器,将压力表进口对准阀杆,用力压紧,待压力表指针稳定后,记下压力表读数。以 3 次测量的最大值为准。

5.5 酸度的检测

在化学中,酸度表示中和 1 克化学物质所需的氢氧化钾的毫克数。对于油基类产品(以 HCl 计)不大于 0.02 %;对于水基、醇基类产品 pH 范围为 4.0~8.0。

5.5.1 酸度(以质量分数计)的测定(针对油基类产品)

1.试剂

(1)氢氧化钾标准滴定溶液:$c(KOH) = 0.02$ mol/L,按 GB/T 601—2016 配制和标定。

(2)中性乙醇：取 95%分析纯乙醇，加入数滴酚酞指示液，用氢氧化钾标准滴定溶液，滴定至出现微红色。

(3)酚酞指示液：5 g/L 乙醇溶液。

2. 测定步骤

取试样按罐上标明的使用方法喷射 1~2 s，然后摘下原配喷头，换上一只带有导管的气雾阀促动头(或用注射器针头代替)，称取试样此时的质量为 m_1 (精确至 0.01 g)。

摇匀试样，将促动头导管末端浸入体积约 50 mL 的中性乙醇(置于一个 150 mL 的锥形瓶)中，按下促动头(或者注射器针头)间歇喷入内容物约 20 g(注意控制喷入速度，以防液滴溅出)，称取试样此时的质量为 m_2(精确至 0.01 g)。

加入 1 mL 酚酞指示液，以尽可能快的速度用氢氧化钾标准滴定溶液滴定至出现微红色为终点。

3. 结果计算

杀虫气雾剂酸度按式(5-4)计算：

$$A_c = \frac{0.0365 \times c \times V}{m_1 - m_2} \times 100\% \tag{5-4}$$

式中：A_c——酸度，%；

c——氢氧化钾标准滴定溶液的浓度，mol/L；

V——滴定试样溶液消耗的氢氧化钾标准滴定溶液的体积，mL；

m_1——取样前的试样质量，g；

m_2——取样后的试样质量，g；

0.0365——与 1.00 mL 氢氧化钾标准滴定溶液的浓度[c(KOH = 1.00 mol/L)]相当的盐酸(HCl)的质量。

5.5.2　pH 测定(针对水基、醇基类产品)

1. 仪器

pH 计：需要有温度补偿或温度校正表。

玻璃电极：使用前需在蒸馏水中浸泡 24 h。

饱和甘汞电极：电极的室腔中需注满饱和氯化钾溶液，并保证饱和溶液中总有氯化钾晶体存在。

2. 测定步骤

1) pH 计的校正

将 pH 计的指针调整到零点, 调整温度补偿旋钮至室温, 用 pH 标准溶液校正 pH 计, 重复校正, 直到 2 次读数不变为止。再测量另一个 pH 标准溶液的 pH, 测定值与标准值的绝对差值应不大于 0.02。

2) 试样溶液的测定

摇匀试样, 用带导管的喷头, 慢慢喷入适量的杀虫气雾剂试样于试管中, 放入 55 ℃ 水浴中, 将推进剂慢慢赶尽后(直至无明显气泡), 按 GB/T 601—2016 中规定的方法检测。称取 1 g 试样于 100 mL 烧杯中, 加入 100 mL 水, 剧烈搅拌 1 min, 静置 1 min。将冲洗干净的玻璃电极和饱和甘汞电极插入试样溶液中, 测其 pH。至少平行测定 3 次, 测定结果的绝对差值应小于 0.1, 取其算术平均值即为该试样的 pH。

5.6 水分的检测

杀虫气雾剂的水分(水基和醇基除外)含量不大于 0.15%。由于杀虫气雾剂中水分的测定只针对油基类产品, 其中所含的水分是微量的, 所以杀虫气雾剂中水分的测定用的是卡尔·费休法中的化学滴定法。该方法是将试样分散在无水甲醇中, 用已知水当量的标准卡尔·费体试剂进行滴定。卡尔·费休法的原理是仪器的电解池中的卡尔试剂达到平衡时注入含水的样品, 水参与碘、二氧化硫的氧化还原反应, 在吡啶和甲醇存在的情况下, 生成氢碘酸吡啶和甲基硫酸吡啶, 消耗了的碘在阳极电解产生, 从而使氧化还原反应不断进行, 直至水分全部耗尽为止。

5.6.1 试剂和溶液

(1)无水甲醇: 水的质量分数应不大于 0.03%。取 5.0~6.0 g 表面光洁的镁(或镁条)及 0.5 g 碘, 置于圆底烧瓶中, 加 70~80 mL 甲醇, 在水浴上加热回流至镁全部生成絮状的甲醇镁, 此时加入 900 mL 甲醇, 继续回流 30 min, 然后进行分馏，在 64.5~65 ℃ 收集无水甲醇。使用仪器应预先干燥，与大气相通的部分应连接装有氯化钙或硅胶的干燥管。

（2）无水吡啶：水的质量分数应不大于 0.1%。吡啶通过装有粒状氢氧化钾的玻璃管。管长 40~50 cm，直径 1.5~2.0 cm，氢氧化钾高度为 30 cm 左右。处理后进行分馏，收集 114~116 ℃ 的馏分。

（3）碘：重升华，并放在硫酸干燥器内 48 h 后再用。

（4）硅胶：含变色指示剂。

（5）二氧化硫：将浓硫酸滴加到盛有亚硫酸钠（或亚硫酸氢钠）的糊状水溶液的支管烧瓶中，生成的二氧化硫经冷阱冷至液状（冷阱外部加干冰和乙醇或冰和食盐混合）。使用前把盛有液体二氧化硫的冷阱放在空气中气化，并经过浓硫酸和氯化钙干燥塔进行干燥。

（6）酒石酸钠。

（7）卡尔·费休试剂（有吡啶）：将 63 g 碘溶解在干燥的 100 mL 无水吡啶中，置于冰中冷却，向溶液中通入二氧化硫直至质量增加 32.3 g 为止，避免吸收环境潮气，补充无水甲醇至 500 mL 后，放置 24 h。此卡尔·费休试剂的水当量约为 5.2 mg/mL。也可使用市售的无吡啶卡尔·费休试剂。

5.6.2 仪器滴定装置

1. 试剂瓶

250 mL，配有 10 mL 自动滴定管，用吸耳球将卡尔·费休试剂压入滴定管中，通过安放适当的干燥管防止吸潮。

2. 反应瓶

约 60 mL，装有 2 个铂电极，一个调节滴定管尖的瓶塞，一个用干燥剂保护的放空管，待滴定的样品通过入口管或可以用磨口塞开闭的侧口加入，在滴定过程中，用电磁搅拌。

3. 1.5 V 或 2.0 V 电池组

同一个约 2000 Ω 的可变电阻并联。铂电极上串联一个微安表。调节可变电阻，使 0.2 mL 过量的卡尔·费休试剂流过铂电极的适宜的初始电流应不超过 20 mV 产生的电流。每加一次卡尔·费休试剂，电流表指针偏转一次，但很快恢复到原来的位置，到达终点时，偏转的时间持续较长。电流表：满刻度偏转不大于 100 μA。

4. 卡尔·费休试剂的标定

1）二水酒石酸钠为基准物

加 20 mL 甲醇于滴定容器中，用卡尔·费休试剂滴定至终点，不记录需要的体积，此时迅速加入 0.15~0.20 g（精确至 0.0002 g）酒石酸钠，搅拌至完全溶解（约 3 min），然后以 1 mL/min 的速度滴加卡尔·费休试剂至终点。卡尔·费休试剂的水当量 c_1（mg/mL）按式（5-5）计算：

$$c_1 = \frac{36 \times m \times 1000}{230 \times V} \tag{5-5}$$

式中：230——酒石酸钠的相对分子质量；

36——水的相对分子质量的 2 倍；

m——酒石酸钠的质量，g；

V——消耗卡尔·费休试剂的体积，mL；

2）水为基准物

加 20 mL 甲醇于滴定容器中，用卡尔·费休试剂滴定至终点，迅速用 0.25 mL 注射器向滴定瓶中加入 35~40 mg（精确至 0.0002 g）水，搅拌 1 min 后，用卡尔·费休试剂滴定至终点。

卡尔·费休试剂的水当量 c_2（mg/mL）按式（5-6）计算：

$$c_2 = \frac{m \times 1000}{V} \tag{5-6}$$

式中：m——水的质量，g；

V——消耗卡尔·费休试剂的体积，mL。

5.6.3 测定步骤

加 20 mL 甲醇于滴定瓶中，用卡尔·费休试剂滴定至终点，迅速加入已称量的试样（精确至 0.01 g，含水 5~15 mg），搅拌 1 min，然后以 1 mL/min 的速度滴加卡尔·费休试剂至终点。

试样中水的质量分数 w_1（%），按式（5-7）计算：

$$w_1 = \frac{c \times V \times 100}{m \times 1000} \tag{5-7}$$

式中：c——卡尔·费休试剂的水当量，mg/mL；

　　　V——消耗卡尔·费休试剂的体积，mL；

　　　m——试样的质量，g。

5.7　有效成分含量的检测

方法：样品用邻苯二甲酸二正戊酯作内标物，在 Rtx-5 毛细管柱上进行气相色谱的分离和测定。

凡产品中有效成分含量低于 0.1 % 的组分，应在企业生产线上抽取有效成分含量低于 0.1 % 组分的料液，并测试其有效成分含量。其有效成分含量应符合表 5-2 要求。

表 5-2　标明含量的允许波动范围

标明含量 X/% 或（g/100 mL）	允许波动范围
$X \leqslant 1$（或不以质量分数表示）	$-15\% \sim 35\%X$
$1 < X \leqslant 2.5$	$\pm 25\%X$
$2.5 < X \leqslant 10$	$\pm 10\%X$
$10 < X \leqslant 25$	$\pm 6\%X$
$25 < X \leqslant 50$	$\pm 5\%X$
$X > 50$	$\pm 2.5\%X$ 或 ± 2.5 g/100 mL

注：X 指产品中每一种有效成分含量。

5.7.1　仪器

（1）气相色谱仪：具有氢火焰离子化检测器。

（2）色谱柱：ϕ0.25 mm×30 m×0.25 μm，Rtx-5 毛细管色谱柱。

（3）微量注射器 10 μL 或配有自动进样器，进样量：1 μL。

（4）磨口试管。

（5）容量瓶：50 mL、100 mL。

（6）天平：分度值为 0.1 mg。

（7）带橡皮头的滴管。

5.7.2 试剂

（1）内标物：邻苯二甲酸二戊酯，不含干扰杂质。

（2）溶剂：丙酮或无水乙醇（分析纯）。

（3）标准样品：烯丙菊酯、炔丙菊酯、胺菊酯、苯醚氰菊酯、氯菊酯、氯氰菊酯等。

5.7.3 气相色谱条件

（1）温度：柱温起始温度 220 ℃，保留时间 13 min，终止温度 260 ℃，保留时间 20 min，升温速率 20 ℃/min。

（2）汽化温度：270 ℃。

（3）检测器温度：270 ℃。

（4）流速：载气（N_2）30 mL/min，空气 400 mL/min，氢气 40 mL/min。

上述操作条件系典型操作参数，可根据不同仪器特点，对给定的操作条件做适当调整，以期获得最佳效果。

5.7.4 试验步骤

1.内标溶液的制备

在 100 mL 容量瓶中，称取相应的内标物 0.3~0.5 g（精确至 0.0002 g），用丙酮或无水乙醇溶解并定容至刻度摇匀备用。

2.检验方法一

1）标准溶液的制备

在一支 50 mL 容量瓶中准确称取与需测样品相当量的各种标准样品（精确至 0.0002 g），加入内标溶液 5 mL，充分溶解后定容，闭塞摇匀，放入冰箱待用。

2）样品溶液的制备

在一洁净的 50 mL 容量瓶中加入丙酮或无水乙醇 10 mL，将整罐气雾剂充分摇匀，预喷几次，用带导管的喷头（导管的一头浸入丙酮或无水乙醇中）慢慢喷入约 10 g 药液（用减重法得出质量 m_2，精确至 0.001 g）可放入 55 ℃水浴中，待推进剂慢慢干净后（直至无明显气泡），加入内标溶液 5 mL 后用丙酮或无水乙醇定容至刻度摇匀备用。

3）测定

在色谱条件下待仪器稳定后，连续用微量注射器注入标样溶液，直至相邻 2 针标准物与内标物的峰面积比变化小于 1.5 %时，按标样溶液、样品溶液、样品溶液、标样溶液的顺序进样分析。

4）计算

将测得的样品溶液中的样品峰与内标峰面积比及标样溶液中内标峰与标样峰面积比分别计算平均值，按式（5-8）和式（5-9）计算待测成分的质量分数 w_x。

校正因子：

$$f = A_2 \times \frac{m_{i2}}{m_{s2}} \times c_{\text{标}} \tag{5-8}$$

待测成分的质量分数：

$$w_x(\%) = f \times \frac{m_{s1}}{m_{i1}} \times A_1 \times 100\% \tag{5-9}$$

式中：A_1——样品溶液中样品峰与内标峰面积比的平均值；

　　　A_2——标样溶液中内标峰与标样峰面积比的平均值；

　　　m_{s1}——样品溶液中内标物的质量，g；

　　　m_{s2}——标样溶液中内标物的质量，g；

　　　m_{i1}——样品溶液中样品的质量，g；

　　　m_{i2}——标样溶液中标准物质的质量，g；

　　　$c_{\text{标}}$——标准物质的含量，%；

　　　w_x——产品中待测成分的质量分数，%。

结果判定：有效成分含量不合格，可在同批抽样产品中进行二次测试。如仍不合格,则该项判为不合格。

3.检验方法二

1)标准溶液的制备

在一只磨口试管中准确称取与需测样品相当量的各种标准样品(准确至0.0002 g),再称取邻苯二甲酸二正戊酯0.015~0.025 g(准确至0.0002 g),加入丙酮溶液5 mL,充分溶解后,闭塞摇匀,放入冰箱待用。

2)样品的前处理

取一罐气雾剂试样,将其置于约−15 ℃低温箱中放置4 h取出,在罐的顶部开一个直径约0.2 mm的小孔,在46 ℃水浴中放置1 h,让抛射剂缓慢挥发掉,再将孔扩大,倒出料液。

3)样品溶液的制备

在一只磨口试管中准确称取气雾剂料液10 g(准确至0.0002 g,视待测物质的量而定),再称取邻苯二甲酸二正戊酯0.015~0.025 g(准确至0.0002 g),闭塞摇匀,待分析。

4)测定

在色谱条件下待仪器稳定后,连续用微量注射器注入标样溶液,直至相邻两针标准物与内标物的峰面积比变化小于1.5 %时,按标样溶液、样品溶液、样品溶液、标样溶液的顺序进样分析。

5)计算

将测得的样品溶液中的样品峰与内标峰面积比及标样溶液中内标峰与标样峰面积比分别计算平均值,按式(5−10)、式(5−11)和式(5−12)计算待测成分的质量分数 w_x。

校正因子 f:

$$f = A_2 \times \frac{m_{i2}}{m_{s2}} \times c_{标} \tag{5−10}$$

待测成分的质量分数:

$$w_x(\%) = f \times \frac{m_{s1}}{m_{i1}} \times A_1 \times 100\% \tag{5−11}$$

$$w_x = w_{x1} \times \frac{m_3}{m_1 - m_2} \qquad (5-12)$$

式中：A_1——样品溶液中样品峰与内标峰面积比的平均值；

A_2——标样溶液中内标峰与标样峰面积比的平均值；

m_{s1}——样品溶液中内标物的质量，g；

m_{s2}——标样溶液中内标物的质量，g；

m_{i1}——样品溶液中样品的质量，g；

m_{i2}——标样溶液中标准物质的质量，g；

$c_{标}$——标准物质的含量，%；

m_1——整罐气雾剂样品质量，g，精确至 0.001 g；

m_2——倒出料液后空罐质量，g，精确至 0.001 g；

m_3——药液的质量，g，精确至 0.001 g；

w_{x1}——药液中待测成分的质量分数，%；

w_x——产品中待测成分的质量分数，%。

结果判定：有效成分含量不合格，可在同批抽样产品中进行二次测试。如仍不合格，则该项判为不合格。

5.8 热贮稳定性的检测

热贮稳定性试验是通过加热到一定温度时贮存一段时间后所取得的试验数据，来推测常温贮存条件下的产品的稳定性。对于杀虫气雾剂产品而言，在 (50±2) ℃的防爆烘箱内放置 14 d，取出试样后于 24 h 内按有效成分含量的测定方法测定并计算有效成分的降解率。对于有效成分为菊酯类的降解率不大于 10 %；其他类有效成分含量的降解率不大于 15 %。

5.8.1 仪器

(1)防爆烘箱：控温(50±2) ℃。

(2)天平：分度值不低于 0.01 g。

5.8.2 试验步骤

将试样样品整瓶放置在（50±2）℃的防爆烘箱内 14 d，取出试样后于 24 h 内按有效成分含量测定方法测试并计算降解率。

有效成分的降解率 $A(\%)$ 按式（5-13）进行计算：

$$A(\%)=\frac{w_1-w_2}{w_1}\times100\% \qquad (5-13)$$

式中：w_1——热贮前测出的试样的有效成分含量；

w_2——热贮后测出的试样的有效成分含量。

5.9 药效的检测

杀虫气雾剂药效应符合表 5-3 要求。

表 5-3 杀虫气雾剂药效应指标

试虫	KT_{50}/min	死亡率/%
蚊	不大于 5.0	24 h 不低于 95
蝇	不大于 5.0	24 h 不低于 95
蜚蠊	不大于 9.0	72 h 不低于 95

注：若产品明示特定昆虫，则只进行对应昆虫的药效试验。

5.9.1 供试材料

采用实验室饲养的敏感品系标准试虫。

（1）蚊：淡色库蚊（Culex pipienspallens）（北方地区）或致倦库蚊（Culex pipiensquinquefasciatus）（南方地区），羽化后第 3~5 天未吸血的雌性成虫。

（2）蝇：家蝇（Musca domestica），羽化后第 3~4 天的成虫，雌、雄各半。

（3）蜚蠊：德国小蠊（Blattellagermanica），10~15 日龄成虫，雌、雄各半。

5.9.2　仪器设备

(1)圆筒装置：无色透明圆筒架于支架上，支架上框插入一块拉板，拉板下有一无色透明缸(或筒)，其侧壁中部有一个放虫孔，放入试虫后用胶塞塞住。无色透明缸(或筒)口上有 12 目筛网盖，支架底部架有支柱，使缸(或筒)密合于圆筒下部，圆筒顶部盖有有一无色透明圆板，圆板中央有一圆孔，供喷射气雾剂使用，喷射后用胶塞塞住。圆筒与圆板相接处用橡胶垫圈垫衬，以防雾滴泄漏。

(2)电子天平：精确度±0.02 g。

(3)吸蚊管。

(4)秒表。

(5)计数器。

5.9.3　试验方法

1.试验条件

(1)温度：(26±1) ℃。

(2)相对湿度：(60±10)％。

2.试验步骤

1)蚊、蝇

采用圆筒装置。将试虫(家蝇 30 只，或蚊 30 只)通过放虫孔释放于圆筒内，待试虫恢复正常活动后，将待测气雾剂筒呈水平状，喷嘴向下垂直，对准喷药孔，喷施药剂(1.0±0.1)g，立即用胶塞塞住圆孔。1 min 时，将拉板抽掉，立即计时，每隔一定时间记录被击倒的试虫数。20 min 后，将被击倒试虫移至清洁养虫笼中，恢复标准饲养，用5％糖水棉球饲喂，24 h 检查死虫数，未击倒试虫按活虫计。测试应重复 3 次及以上。每次试验结束，应清洗试验装置。

2)蜚蠊

采用圆筒装置(不用拉板)。将 20 只蜚蠊放在内壁上部涂一圈凡士林、用12 目铁筛网封底的圆筒内，待试虫恢复正常活动后，将气雾剂筒呈水平状放置，喷嘴向下垂直对准喷药孔，喷施药剂(1.0±0.1) g，立即用胶塞塞住圆孔，开始计时,每隔一定时间记录被击倒的试虫数。20 min 后,将全部试虫移至清洁器皿中,恢复标准饲养,宜用混合饲料块和浸水棉球饲喂,检查 72 h 死亡虫数。测试应重复 3 次及以上。每次试验结束,应清洗试验装置。

5.9.4 计算

将重复测试数据按线性加权回归法计算 KT_{50}、毒力回归方程,并按式(5-14)计算 24 h(蜚蠊 72 h)死亡率,结果保留 2 位小数。

$$P(\%) = \frac{K}{N} \times 100 \qquad (5-14)$$

式中:P——死亡率,%;

　　　K——表示死亡虫数,只;

　　　N——表示处理总虫数,只。

5.9.5 评价

根据室内 KT_{50}(蚊、蝇 24 h,蜚蠊 72 h)死亡率进行药效评价,具体指标见表 5-4。药效结果分为 A、B 两级,KT_{50} 与死亡率有一项达不到 B 级标准者属不合格产品。两项指标不属于同一级别时,根据死亡率定级。如果对某虫种达不到 B 级,应注明适用对象,否则视为不合格品。

表 5-4 气雾剂评价指标

试虫	KT_{50}/min		死亡率/%	
	A	B	A	B
蚊	≤2.0	≤5.0	100	≥95.0
蝇	≤2.0	≤5.0	100	≥95.0
蜚蠊	≤4.0	≤9.0	100	≥95.0

5.10 模拟现场试验

根据击倒率和死亡率进行药效评价,杀虫气雾剂应符合表 5-5 的要求。

表 5-5　模拟现场试验评价指标

试虫	击倒率/%		死亡率/%	
	A 级	B 级	A 级	B 级
蚊	100	≥90	100	≥90
蝇	100	≥90	100	≥90
蜚蠊	——	——	100	≥90

注：蚊、蝇为 1 h 击倒率，24 h 死亡率，蜚蠊为 72 h 死亡率。

5.10.1　供试材料

采用实验室饲养的敏感品系标准试虫。

（1）蚊：淡色库蚊（Culex pipienspallens）（北方地区）或致倦库蚊（Culex pipiensquinquefasciatus）（南方地区），羽化后第 3~5 天未吸血的雌性成虫。

（2）蝇：家蝇（Musca domestica），羽化后第 3~4 天的成虫，雌、雄各半。

（3）蜚蠊：德国小蠊（Blattellagermanica），10~15 日龄成虫，雌、雄各半。

5.10.2　仪器设备

（1）模拟现场：近似正方形房间，容积 28 m³，高度不低于 2.5 m，至少应在相对两个墙面装有能观察到各角落的密闭玻璃窗。

（2）挂笼：圆柱体形，直径 150 mm，高 250 mm，围以 12 目纱网。

（3）无色透明缸：圆柱体形，直径 200~270 mm，高 140~170 mm。

5.10.3　试验方法

1.试验条件

（1）温度：（26±1）℃。

（2）相对湿度：（60±10）%。

2.试验步骤

1）蚊、蝇

在模拟现场距离地面 1.5 m、两相邻墙壁 0.5 m，垂直相交的 4 个点及中央共计挂挂笼 5 个，每个笼内释放试虫 20 只。待试虫恢复正常活动后，试验人员穿戴好防护服装，站于模拟现场的中央，手持满装气雾剂的气雾剂罐，按表5-6试验剂量，喷嘴向上约45°进行喷雾，喷雾时应转身360°。施药毕，试验人员立即离开现场，关闭门窗并计时。1 h时，将被击倒的试虫收集至清洁养虫笼，恢复标准饲养，宜用5%糖水棉球饲喂。未被击倒试虫不收回，计入24 h活虫数。24 h检查死试虫数。

2）蜚蠊

采用模拟现场和无色透明缸。将60只蜚蠊分为4组（每组15只）放于缸口内壁涂有凡士林带的无色透明缸内，放置于模拟现场四角。待试虫恢复正常活动后，试验人员穿戴好防护服装，关闭门窗，站于模拟现场的中央，手持满装气雾剂的气雾剂罐，按表5-6试验剂量，喷嘴向上约45°进行喷雾，喷雾时应转身360°。施药毕，试验人员立即离开现场，关闭门窗并计时。1 h时，将全部试虫收集至清洁器皿中，恢复标准饲养，宜用混合饲料块加浸水棉球饲喂，72 h时，检查死试虫数。

表5-6　试验剂量

剂型	试虫	试验剂量	
		油基类产品	水基、醇基类产品
气雾剂	蚊	0.3 g/m³	
	蝇	0.3 g/m³	
	蜚蠊	5.0 g/m²	

5.10.4　计算

重复测试的数据按线性加权回归法计算 KT_{50}、毒力回归方程，并按式 (5-15) 计算24 h（蜚蠊72 h）死亡率，结果保留2位小数。

$$P(\%) = \frac{K}{N} \times 100 \qquad (5-15)$$

式中：P——死亡率，%；

K——表示死亡虫数，只；

N——表示处理总虫数，只。

5.11　甲醇含量的检测

　　杀虫气雾剂中甲醇含量允许值不超过 0.2 %。个别气雾剂产品,标明的是酒精型的,实际是用廉价的甲醇配制的;还有极少数企业生产的油基型气雾剂,实际上也掺了甲醇。众所周知,甲醇对人体具有强烈的毒性,因为甲醇在人体新陈代谢中会氧化成比它毒性强得多的甲醛和蚁酸(甲酸的俗称),所以饮用含有甲醇的酒可导致失明、肝病,甚至是死亡。甲醇的沸点比较低,常温常压下,沸点为 64 ℃。所以人们在房间中喷洒了含有高含量甲醇的气雾剂后,对人体的健康影响是显而易见的。

　　由于甲醇的沸点比较低,一般采用的是气相色谱顶空法,外标法定量(图 5-1)(甲醇出峰时间: 1.97 min),并用 75% 色谱纯乙醇做了空白(图 5-2)(乙醇的出峰时间: 2.15 min)。

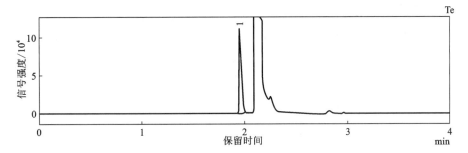

图 5-1　外标法测定甲醇标准溶液气相色谱图图

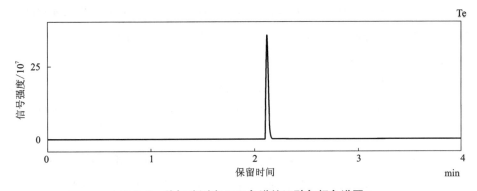

图 5-2　外标法测定 75% 色谱纯乙醇气相色谱图

5.11.1 仪器与试剂

(1)气相色谱仪：附氢火焰离子化检测器(FID)。

(2)顶空进样器：与气相色谱仪配套。

(3)电子分析天平：精确至 0.01 g。

(4)电子分析天平：万分之一级。

(5)电子分析天平：十万分之一级。

(6)无水乙醇：色谱纯。

(7)无水甲醇：色谱纯。

(8)超纯水。

(9)75%(体积分数)乙醇：取 750 mL 色谱纯乙醇，用超纯水定容至 1 L。

5.11.2 试验方法

1. 色谱条件

(1)色谱柱：30.0 m×1.50 μm(膜厚)×0.53 mm(内径)Rtx-1 毛细管柱。

(2)检测器：温度为：250 ℃，附氢火焰离子化检测器(FID)流速：载气(N$_2$)30 mL/min，空气 400 mL/min，氢气 40 mL/min。

(3)温度：柱温 60 ℃，保留 4 min。

(4)气化室：温度为 250 ℃，分流进样(分流比为 1:10)。

(5)进样量：1 μL。

(6)顶空条件：恒温炉温度 70 ℃；样品流路温度 80 ℃；传输线温度 90 ℃；样品恒温时间 12 min；GC 循环时间 25 min；进样体积 1 mL。

2. 分析步骤(外标法)

(1)样品制备：用 10 mL 容量瓶准确移取 10 mL 未含抛射剂的气雾剂样品并称取其质量(精确至 0.1 mg)，然后倒入 20 mL 顶空瓶中，用标配胶塞封口。上机备用。

(2)测定：①标准曲线制备：准确称取 1 g 左右色谱纯甲醇于 100 mL 容量瓶中，用 75%色谱纯乙醇定容至刻度，摇匀作储备液，此时甲醇储备液浓度为约 10 mg/mL。分别移取储备液 0、0.25、0.50、2.50、5.00、10.00 mL 于 50 mL

容量瓶中，用 75%色谱纯乙醇定容至刻度，摇匀。此时的浓度分别约为 0、50、100、500、1000、2000 mg/L 的甲醇标准溶液。

用气相色谱外标法所建立的甲醇标准曲线图。采用甲醇作为标准品进行分析检测，以甲醇的质量浓度为横坐标，相应的峰面积为纵坐标，得到标准曲线图(见图 5-3)。

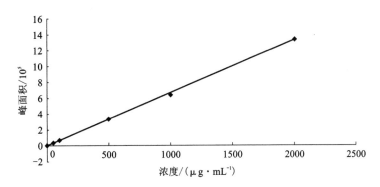

图 5-3　甲醇溶液标准曲线图

甲醇标准曲线方程为：

$$y = 670.56x - 5299.4,\ R^2 = 0.9996$$

该标准曲线在甲醇浓度在(0~2000)mg/L 范围内线性良好。

3. 甲醇结果计算：

气雾剂中甲醇含量按式(5-15)计算。

$$w(\%) = \frac{c \times V_{\text{定}} \times 10^{-6}}{m} \times 100\% \qquad (5-15)$$

式中：w——气雾剂样品中 甲醇的含量，%；

　　　m——试样的质量，g；

　　　c——测定气雾剂样品中甲醇的含量，mg/L；

　　　$V_{\text{定}}$——样品的定容体积，mL。

5.12　丙酮、乙酸乙酯、苯、甲苯、乙苯和二甲苯含量的检测

由于该组化合物沸点较低,将试样经顶空进样器直接注入气相色谱仪中,经毛细管色谱柱被测组分分离,用氢火焰离子化检测器检测,以外标法定量。

5.12.1　仪器与试剂

(1)气相色谱仪:附氢火焰离子化检测器(FID)。

(2)顶空进样器:与气相色谱仪配套。

(3)电子分析天平:精确至 0.01 g。

(4)电子分析天平:万分之一级。

(5)电子分析天平:十万分之一级。

(6)丙酮:其纯度应至少为 99%,或已知纯度。

(7)乙酸乙酯:其纯度应至少为 99%,或已知纯度。

(8)苯:其纯度应至少为 99%,或已知纯度。

(9)甲苯:其纯度应至少为 99%,或已知纯度。

(10)乙苯:其纯度应至少为 99%,或已知纯度。

(11)二甲苯:其纯度应至少为 99%,或已知纯度。

(12)稀释溶剂:使用适于稀释试样的有机溶剂,其纯度至少为 99%,但不能含有任何干扰丙酮、乙酸乙酯或苯系物测定的物质,如造成色谱图上与丙酮、乙酸乙酯或苯系物峰重叠的物质。

5.12.2　测试步骤

1.气相色谱分析条件

(1)Rtx-5 毛细管色谱柱:30 m×0.25 mm×0.25 μm。

(2)进样方式:分流进样(分流比为 1:10)。

(3)载气流速:1.0 mL/min。

(4)氢气流速:40 mL/min。

（5）空气流速：400 mL/min。

（6）柱温：程序升温，40 ℃保持 4 min，然后 10 ℃/min 升至 300 ℃保持 5 min。

（7）进样口温度：300 ℃。

（8）检测器温度：310 ℃。

（9）尾吹：30 mL/min。

（10）顶空条件：恒温炉温度 90 ℃；样品流路温度 130 ℃；传输线温度 150 ℃；样品恒温时间 12 min；GC 循环时间 25 min；进样体积 1 mL。

2. 混合标准溶液的配制及绘制标准曲线

分别准确称取丙酮、乙酸乙酯、苯、甲苯、乙苯和二甲苯的化合物，以二甲基甲酰胺（DMF）为溶剂配制不同质量浓度的混合标准溶液。其校准物最高质量浓度应在检测器的线性范围内，且在色谱仪上的信号要大于试样中被测物在色谱仪上产生的信号，按上述分析条件测定，以被测物标准液质量浓度为横坐标，峰高或峰面积为纵坐标计算其线性回归方程或绘制标准曲线。

3. 样品制备

用 10 mL 容量瓶准确移取 10 mL 未含抛射剂的气雾剂样品并称取其质量（精确至 0.1 mg），然后倒入 20 mL 顶空瓶中，用标配胶塞封口。上机备用。

5.12.3　结果计算

1. 计算苯系物（以苯计）含量

以测定试样的峰高或峰面积在标准曲线上查出苯物的质量浓度，或得出的线性回归方程计算出试样的质量浓度（mg/L），按式（5-16）计算苯系物（以苯计）含量。

$$\rho_{(苯系物)} = \rho_{(苯)} + 0.848 \times \rho_{(甲苯)} + 0.736 \times [\rho_{(乙苯)} + \rho_{(二甲苯)}] \quad (5-16)$$

式中：$\rho_{(苯)}$——杀虫气雾剂罐体内液体苯质量浓度，mg/L；

$\rho_{(甲苯)}$——杀虫气雾剂罐体内液体甲苯质量浓度，mg/L；

$\rho_{(二甲苯)}$——杀虫气雾剂罐体内液体二甲苯质量浓度，mg/L；

$\rho_{(乙苯)}$——杀虫气雾剂罐体内液体乙苯质量浓度，mg/L；

0.848——苯物质的量与甲苯物质的量的比值；

0.736——苯物质的量与二甲苯物质的量及乙苯物质的量的比值。

计算结果应取两次测定结果的平均值，两次测定的相对偏差应小于10%。

2.计算杀虫气雾剂罐体内液体所含丙酮和乙酸乙酯的质量

以测定试样的峰高或峰面积在标准曲线上查出丙酮、乙酸乙酯的质量浓度，或得出的线性回归方程计算出试样中丙酮、乙酸乙酯质量浓度(g/L)，按式(5-17)计算其质量(g)。

$$m_{(丙酮+乙酸乙酯)}=\frac{m_{L}}{\rho_{s}}\times\left[\rho_{(丙酮)}+\rho_{(乙酸乙酯)}\right]\times\frac{1}{1000} \qquad (5-17)$$

式中：$m_{(丙酮+乙酸乙酯)}$——杀虫气雾剂罐体内液体所含丙酮和乙酸乙酯的质量，g；

m_{L}——杀虫气雾剂罐体内液体质量，g；

ρ_{s}——23℃时气雾剂罐体内液体的密度，g/mL；

$\rho_{(丙酮)}$——杀虫气雾剂罐体内液体丙酮质量浓度，g/L；

$\rho_{(乙酸乙酯)}$——杀虫气雾剂罐体内液体乙酸乙酯质量浓度，g/L。

5.13 杀虫气雾剂中挥发性有机化合物(VOC)含量的检测

挥发性有机化合物(VOC)是指在常压(101.3 kPa)下，沸点低于216℃的有机化合物[除丙酮、乙酸乙酯、1，1，1，2-四氟乙烷(HFC-134a)和1，1-二氟乙烷(HFC-152a)]。试样经称量杀虫气雾剂中抛射剂质量及液体质量，对液体部分进行气相色谱分析，以正十二烷为标记物测定沸点小于216℃挥发性有机化合物的质量分数，并计算出杀虫气雾剂挥发性有机化合物含量。

5.13.1 仪器与试验

(1)气相色谱仪：附氢火焰离子化检测器(FID)。

(2)电子分析天平：精确至0.01 g。

(3)电子分析天平：万分之一级。

(4)电子分析天平：十万分之一级。

(5)低温冰箱：-50℃。

（6）丙酮：色谱纯。

（7）乙酸乙酯：色谱纯。

（8）正十二烷：标准物质。

（9）正十二烷：标准物质。

（10）1，1，1，2-四氟乙烷（HFC-134a）：高压瓶。

（11）1，1-二氟乙烷（HFC-152a）：高压瓶。

（12）标记物：用于按 VOC 定义区分 VOC 组分与非 VOC 组分的化合物。用正十二烷（沸点：216 ℃）作为标记物以区分沸点低于或等于 216 ℃ 的有机化合物。

5.13.2　测试步骤

1.气相色谱分析条件

（1）Rtx-5 毛细管色谱柱：30 m×0.25 mm×0.25 μm。

（2）进样方式：分流进样（分流比为 1∶10）。

（3）进样量：1 μL。

（4）载气流速：1.0 mL/min。

（5）氢气流速：40 mL/min。

（6）空气流速：400 mL/min。

（7）柱温：程序升温，初始温度 50 ℃，以 12 ℃/min 升至 310 ℃ 保持 2 min。

（8）进样口温度：300 ℃。

（9）检测器温度：320 ℃。

（10）尾吹：30 mL/min。

2.色谱柱效的确认试验

取适量的正十二烷、正十四烷于甲醇中，按本章 5.11.1 中的色谱条件进样，按式（5-18）计算此毛细管色谱柱的分离度 R。

$$R=\frac{2\times(t_2-t_1)}{W_1+W_2} \tag{5-18}$$

式中：t_1——正十二烷保留时间，min；

　　　t_2——正十四烷保留时间，min；

W_1——正十二烷峰宽，min；

W_2——正十四烷峰宽，min。

3. 样品制备

任取一罐杀虫气雾剂试样，称取质量 m_s（精确至 0.01 g），在−15 ℃低温冰箱中垂直放置 4 h，取出后使用金属针状物压制杀虫气雾剂罐体顶部（若杀虫气雾剂所使用的抛射剂为易燃性气体，则严禁在罐体上钻孔），使杀虫气雾剂罐体内的抛射剂由空隙排出，如排出雾状气体，则重复此过程。待抛射剂气体释放完后，在 46 ℃恒温水浴中垂直放置 1 h，取出擦干，称取其质量 m_1（精确至 0.01 g），m_s-m_1 为抛射剂气体的质量 m_p。排空罐内的液体，称空罐的质量 m_2（精确至 0.01 g），m_1-m_2 为杀虫气雾剂罐内料液的质量 m_L。保存好料液部分进行以下试验。

将标记物注入气相色谱仪中，测定其在毛细管色谱柱上的保留时间，以便给出 VOC 定义确定色谱图中的积分点。

将 1 μL 杀虫气雾剂料液注入气相色谱仪中，并记录色谱图。

注：杀虫气雾剂（醇基或水基类产品）液体应进行含水量测试，按 GB/T 606—2003 进行。

5.13.3 结果计算

（1）计算杀虫气雾剂液体的 VOC 质量分数 $w_w(\text{VOC})$ 按式（5−19）进行。

$$w_w(\text{VOC}) = \left[1 - w(\text{H}_2\text{O})\right] \times \frac{\sum\limits_{i=1}^{m-1} A_i}{\sum\limits_{j=1}^{n} A_j} \times 100\% \qquad (5-19)$$

式中：$w_w(\text{VOC})$——杀虫气雾剂液体的 VOC 质量分数，%；

$w(\text{H}_2\text{O})$——杀虫气雾剂液体的水分质量分数，%；

A_i——所有保留时间小于十二烷峰的第 i 个峰面积；

A_j——所有色谱峰中第 j 个的峰面积；

m——第 m 个色谱峰（正十二烷峰）；

n——所有色谱峰。

（2）计算杀虫气雾剂的 VOC 质量分数 $w(\text{VOC})$（%）按式（5-20）进行。

$$w(\text{VOC})=\frac{m_{\text{L}}\times w_{\text{w}}(\text{VOC})+m_{\text{P}}/\left[1+w_{(\text{HFC-134a/丙丁烷})}+w_{(\text{HFC-152a/丙丁烷})}\right]-m_{(\text{丙酮+乙酸乙酯})}}{m_{\text{P}}+m_{\text{L}}}\times100\%$$

$$(5-20)$$

式中：$w(\text{VOC})$——杀虫气雾剂的 VOC 质量分数，%；

　　$w_{\text{w}}(\text{VOC})$——杀虫气雾剂液体的 VOC 质量分数，%；

　　m_{L}——杀虫气雾剂液体的质量，g；

　　$m_{(\text{丙酮+乙酸乙酯})}$——杀虫气雾剂液体中丙酮和乙酸乙酯的质量，g；

　　m_{P}——杀虫气雾剂抛射剂气体的质量，g；

　　$w_{(\text{HFC-134a/丙丁烷})}$——1，1，1，2-四氟乙烷（HFC-134a）与丙丁烷的质量比；

　　$w_{(\text{HFC-152a/丙丁烷})}$——1，1-二氟乙烷（HFC-152a）与丙丁烷的质量比。

如果两次测试结果（VOC 质量分数）的相对偏差大于 5%，则重复上述步骤。

注：$m_{(\text{丙酮+乙酸乙酯})}$ 的检验方法按 5.12.2 中规定的检验方法；$w_{(\text{HFC-134a/丙丁烷})}$、$w_{(\text{HFC-152a/丙丁烷})}$ 的检验方法按 5.14.2 中规定的检验方法。

5.14　杀虫气雾剂抛射剂中丙丁烷与 1，1，1，2-四氟乙烷和丙丁烷与 1，1-二氟乙烷质量比的检测

抽取杀虫气雾剂中抛射剂直接注入装有毛细管色谱柱的气相色谱仪中，使其中的各组分分离，用氢火焰离子化检测器来测定丙丁烷与 1，1，1，2-四氟乙烷、丙丁烷与 1，1-二氟乙烷质量比。

5.14.1　仪器与试剂

仪器与试剂

（1）气相色谱仪，附氢火焰离子化检测器（FID）。

（2）甲烷（代替丙丁烷）：高压瓶。

（3）1，1，1，2-四氟乙烷（HFC-134a）：高压瓶。

（4）1，1-二氟乙烷（HFC-152a）：高压瓶。

(5)注射器。

(6)玻璃注射器。

(7)气体混合器。

5.14.2 测试步骤

1. 气相色谱分析条件

(1)Rtx-5 毛细管色谱柱：30 m×0.25 mm×0.25 μm。

(2)进样方式：分流进样(分流比为 1∶10)。

(3)进样量：1 μL。

(4)载气流速：1.0 mL/min。

(5)氢气流速：40 mL/min。

(6)空气流速：400 mL/min。

(7)柱温：程序升温，初始温度 50 ℃，以 12 ℃/min 升至 310 ℃ 保持 2 min。

(8)进样口温度：300 ℃。

(9)检测器温度：320 ℃。

(10)尾吹：30 mL/min。

2. 标准用混合气体的制备

用注射器取等体积的纯的(或是预先制备的已知体积分数的)甲烷、纯的(或是预先制备的已知体积分数的)1,1,1,2-四氟乙烷(HFC-134a)气体、纯的(或是预先制备的已知体积分数的)1,1-二氟乙烷(HFC-152a)气体，注入气体混合器中混匀，待测。

3. 样品的制备

取一截适当长度的内径略大于试样阀杆直径的塑料管将其与阀杆对接，摇动试样 6 次，倒置试样，适当用力按压阀杆，排空阀杆内的药液。将塑料管的另一端与玻璃注射器连接，适当用力按压阀杆收集试样排出的抛射剂，待测。

4. 测定

将已制备的校准用混合气体注入气相色谱仪中，测定其保留时间、峰面积，并按式(5-21)、(5-22)计算其响应值的比值 f。

$$f_{(HFC-134a/甲烷)} = \frac{16 \times A_{(HFC-134a)}}{102 \times A_{(甲烷)}} \qquad (5-21)$$

$$f_{(HFC-152a/甲烷)} = \frac{16 \times A_{(HFC-152a)}}{66 \times A_{(甲烷)}} \qquad (5-22)$$

式中：$f_{(HFC-134a/甲烷)}$——HFC-134a 质量响应值与甲烷质量响应值之比值；

$f_{(HFC-152a/甲烷)}$——HFC-152a 质量响应值与甲烷质量响应值之比值；

$A_{(HFC-134a/甲烷)}$——HFC-134a 的峰面积；

$A_{(HFC-152a/甲烷)}$——HFC-152a 的峰面积；

$A_{(甲烷)}$——甲烷的峰面积；

16——甲烷的物质的量；

66——HFC-152a 的物质的量；

102——HFC-134a 的物质的量。

　　将抽取的气样 1 mL 注入气相色谱仪中，测定其保留时间并记录其峰面积，如果其色谱图显示有丙丁烷与 HFC-134a 或 HFC-152a，则按式（5-23）、（5-24）计算丙丁烷与 HFC-134a 或 HFC-152a 的质量比值

$$w_{(HFC-134a/丙丁烷)} = \frac{A_{(HFC-134a)}}{A_{(丙丁烷)} \times f_{(HFC-134a/甲烷)}} \qquad (5-23)$$

$$w_{(HFC-152a/丙丁烷)} = \frac{A_{(HFC-152a)}}{A_{(丙丁烷)} \times f_{(HFC-152a/甲烷)}} \qquad (5-24)$$

式中：$w_{(HFC-134a/丙丁烷)}$——HFC-134a 与丙丁烷质量比；

$w_{(HFC-152a/丙丁烷)}$——HFC-152a 与丙丁烷质量比；

$A_{(丙丁烷)}$——丙丁烷的峰面积。

第6章　电热蚊香片的检测

电热蚊香片是将家用卫生杀虫剂,由可吸性材料作为载体制成的药片,与恒温电加热器配套使用,在额定的加热温度下,有效成分以气体状态作用于蚊虫,起到驱(灭)效果的产品。电热蚊香片的生物效果是衡量产品质量的主要依据,而其杀虫有效成分和剂量又是影响生物效果的重要因素。

本章主要介绍电热蚊香片的检验指标的检测。

6.1　外观和感官的检测

6.1.1　外观

(1)技术要求:产品应有指示色,色泽均匀,不得有霉变。

(2)测试方法:目测。

6.1.2　感官

(1)技术要求:同一产品可为无味型或多种香型,其香型应与明示香型相符合,无异味。

(2)测试方法:嗅觉判断。

6.2　有效成分使用要求

（1）技术要求：应是按照国家有关部门规定进行登记允许使用的药剂。

（2）检验方法：登录中国农药信息网，进入数据中心，查询产品提供的农药登记证号，检查农药登记证是否在有效期内、所使用的农药名称是已经登记的且是相应的登记计量。

6.3　毒理

提供农药登记资料规定中相应剂型的毒理学试验报告。应符合中华人民共和国农业部［2007 年］10 号令中相应剂型的毒理学试验要求。

6.4　有效成分含量的检测

测试方法：样品用邻苯二甲酸二正戊酯作内标物，在 Rtx-5 毛细管柱上进行气相色谱的分离和测定。

其有效成分含量应在外包装上标明（mg/片），允许波动范围为标明值的90%～135%。

6.4.1　仪器

（1）气相色谱仪：具有氢火焰离子化检测器。

（2）色谱柱：ϕ0.25 mm×30 m×0.25 μm，Rtx-5 毛细管色谱柱。

（3）微量注射器：10 μL 或配有自动进样器。

（4）磨口试管、三角瓶。

（5）容量瓶：50 mL、100 mL。

（6）天平：分度值为 0.0001 g。

（7）带橡皮头的滴管。

6.4.2 试剂

(1)内标物：邻苯二甲酸二戊酯，不含干扰杂质。

(2)溶剂：丙酮或无水乙醇(分析纯)。

(3)标准样品：烯丙菊酯、炔丙菊酯、四氟甲醚菊脂、四氟苯醚菊酯、氯氟醚菊酯等。

6.4.3 气相色谱条件

(1)温度：柱温起始温度220 ℃，保留时间10 min。

(2)汽化温度：250 ℃。

(3)检测器温度：250 ℃。

(4)流速：载气(N₂)30 mL/min，空气400 mL/min，氢气40 mL/min。

上述操作条件系典型操作参数，可根据不同仪器特点，对给定的操作条件做适当调整，以期获得最佳效果。

6.4.4 检测步骤

1.内标溶液的制备

在100 mL容量瓶中，称取相应的内标物0.3~0.5 g(精确至0.0002 g)，用丙酮或无水乙醇溶解并定容至刻度摇匀备用。

2.标准溶液的制备

在一只磨口试管中准确称取与需测样品相当量的各种标准样品(准确至0.0002 g)，再称取邻苯二甲酸二正戊酯0.015~0.025 g(精确至0.0002 g)，加入丙酮溶液5 mL，充分溶解后，闭塞摇匀，放入冰箱待用。

3.样品溶液的制备

取一片电热蚊香片，将包装去掉，用剪刀剪成条状后拨开放入三角瓶中，在三角瓶中再称取邻苯二甲酸二戊酯0.015~0.025 g，加入甲醇与丙酮混合溶液(体积比为1∶1)10 mL，以淹没电热蚊香片为宜，充分振荡，浸泡1 h，分析前充分振荡，取上层清液待分析。

4.测定

在色谱条件下待仪器稳定后，连续用微量注射器注入标样溶液，直至相邻两针标准物与内标物的峰面积比变化小于 1.5 %时，按标样溶液、样品溶液、样品溶液、标样溶液的顺序进样分析。

5.计算

将测得的样品溶液中的样品峰与内标峰面积比及标样溶液中内标峰与标样峰面积比分别计算平均值，按式（6-1）和式（6-2）计算待测成分的质量分数 w_x。

校正因子 f：

$$f=A_2 \times \frac{m_{i2}}{m_{s2}} \times c_标 \tag{6-1}$$

待测成分的质量分数：

$$w_x(\%)=f \times A_1 \times m_{s1} \tag{6-2}$$

式中：A_1——样品溶液中样品峰与内标峰面积比的平均值；

A_2——标样溶液中内标峰与标样峰面积比的平均值；

m_{s1}——样品溶液中内标物的质量，g；

m_{s2}——标样溶液中内标物的质量，g；

m_{i1}——样品溶液中样品的质量，g；

m_{i2}——标样溶液中标准物质的质量，g；

$c_标$——标准物质的含量，%；

w_x——产品中待测成分的质量分数，%。

结果判定：有效成分含量不合格，可在同批抽样产品中进行二次测试。如仍不合格，则该项判为不合格。

6.5 挥发速率的检测

挥发速率是为了保障持久药效，即产品后期效果设立的，为了保障前期药效和后期药效达到平衡，使用过程前后期都能有效驱蚊。

6.5.1　要求

将蚊香片放入符合相关标准的加热器中加热至明示时间的一半时，测试其残留的有效成分含量不得低于明示的有效成分含量的 30%。

6.5.2　测定步骤

按第 5 章 5.7 中有效成分含量的测定步骤进行，测出剩余药液中有效成分的含量 m_2。

计算有效成分的挥发速率按(6-3)计算：

$$V_r = \frac{w_2}{w_1} \times 100\% \tag{6-3}$$

式中：V_r——有效成分的挥发速率，%；

　　　w_1——明示有效成分含量，%；

　　　w_2——明示时间一半有效成分含量，%。

6.5.3　结果判定

挥发速率不合格，可在同批抽样产品中进行二次测试。如仍不合格，则该项判定为不合格。

6.6　热贮稳定性的检测

热贮稳定性试验是通过加热到一定温度时贮存一段时间后所取得的试验数据，来推测常温贮存条件下的产品的稳定性。对于杀虫气雾剂产品而言，在 (54±2) ℃的防爆烘箱内放置 14 d，取出试样后于 24 h 内按有效成分含量的测定方法测定并计算有效成分的降解率。

6.6.1　要求

产品经热贮稳定性试验后，测试其残留总有效成分含量，菊酯类有效成分含量的降解率不高于 10%，其他类有效成分含量的降解率不高于 15%。

6.6.2　步骤

按第5章5.7中有效成分含量的测定步骤进行,测出经过热贮后药液中有效成分的含量 m_2。

有效成分的降解率 $A(\%)$ 按式(6-4)进行计算:

$$A(\%) = \frac{w_1 - w_2}{w_1} \times 100\% \qquad (6-4)$$

式中: w_1——热贮前测出的试样的有效成分含量;

w_2——热贮后测出的试样的有效成分含量。

6.6.3　结果判定

挥发速率不合格,可在同批抽样产品中进行二次测试。如仍不合格,则该项判定为不合格。

6.7　药效的检测

电热蚊香片的药效是指产品在规定的条件下及规定的时间内,应达到的驱(灭)蚊虫效果。

要求:圆筒法 $KT_{50} \leqslant 8$ min 或方箱法 $KT_{50} \leqslant 10$ min。

6.7.1　供试材料

采用实验室饲养的敏感品系标准试虫。

蚊:淡色库蚊(Culex pipienspallens)(北方地区)或致倦库蚊(Culex pipiensquinquefasciatus)(南方地区),羽化后第3~5天未吸血的雌性成虫。

6.7.2　仪器设备

(1)圆筒装置:无色透明圆筒架于支架上。圆筒上下各有一无色透明圆板。上圆板中央有一圆孔,用胶塞塞住;下圆板中央有圆孔,试验时电热蚊香片加热器架于该圆孔下方,试验前后该圆孔用胶塞塞住;圆筒与上下圆板相接处分别用橡胶垫圈垫衬,以防药剂泄漏。

(2)方箱装置:玻璃制方箱,架于支架上,在方箱一侧面的一下角有一小门,此侧面的上方还有一放虫孔,可用胶塞塞紧,另有一侧面整个为一大门。测试时,应密封。

(3)电热蚊香片加热器。

(4)吸蚊管。

(5)秒表。

(6)计数器。

6.7.3 试验方法

1. 试验条件

(1)温度:(26±1)℃。

(2)相对湿度:(60±10)%。

2. 圆筒法

1)时段设置

遵循"留首定尾中插三"的原则确定5个时段进行药效测试。即通电1 h和该产品推荐最长使用时间分别为首、尾2个时段点,再于这2个时段点之间相等间隔地排出另外3个时间点定为测试时间断点。

2)试验步骤

采用圆筒装置。每次试验均吸取试蚊30只,由圆板的中央圆孔处放入,塞紧胶塞。待试虫恢复正常活动后,将连续通电加热至相应时段点的载有待测蚊香片的加热器(加热器上方放置铁丝网),放置在圆板的中央孔下方,并紧扣中央圆孔。熏1 min,立即移去加热器,塞上胶塞并计时,每隔一定时间记录被击倒的试蚊数,观察时限为20 min。测试应重复3次及以上。每次试验结束,应清洗试验装置。

3. 方箱法

1)时段设置

遵循"留首定尾中插三"的原则确定5个时段进行药效测试。即通电1 h和该产品推荐最长使用时间分别为首、尾2个时段点,再于这2个时段点之间相等间隔地排出另外 3 个时间点定为测试时间断点。

2）试验步骤

采用方箱装置。每次试验均吸取试蚊 50 只，由放虫口放入。待试虫恢复正常活动后，由小门将连续通电预燃至相应时段点的载有待测蚊香片的加热器一起放入玻璃箱的中央（加热器上方放置铁丝网），立即密闭整个玻璃箱装置，并计时。每隔一定时间记录被击倒的试蚊数。观察时限为 20 min。测试应重复 3 次及以上。每次试验结束，应清洗试验装置。

4. 计算

将重复测试数据按线性加权回归法计算 KT_{50} 值及毒力回归方程。

5. 评价

根据圆筒法或方箱法测试的 KT_{50} 进行药效评价，评价指标见表6-2。

药效结果分为 A、B 两级，5 个时段结果均为 A 才可定为 A 级，1 个时段的结果达不到 B 级标准者属不合格产品。

表 6-2　电热蚊香片评价指标

方法	KT_{50}/min	
	A	B
圆筒法	≤4.0	≤8.0
方箱法	≤6.0	≤10.0

6.8　加热器的检测

6.8.1　外观

检测方法：目测和手感检查。

要求：塑料件不得有明显塑性缺陷及翘曲变形，裂纹，划痕，毛刺；电加热器各零部件组装配合牢固，紧固件不得松动；金属部件不得有锈。

6.8.2 电加热器工作温度(辐射温度)及偏差

电加热器的工作温度(辐射温度)由生产企业自定,应在器具或包装上明示,温度偏差为±7 ℃。

1. 测试条件

在温度(23±2) ℃,相对湿度(65±15)%,无外界气流的测试角内进行。

(1)仪器名称:电热蚊香液加热器温度测试仪器。

(2)仪器精度:±0.5 ℃(分辨率不小于0.1 ℃)。

(3)测温范围:0~200 ℃。

(4)专用测头:专用铂电阻温度计。

(5)测温探头:红外测温探头。

2. 测试步骤

包括方法一和方法二。

1)方法一

(1)螺口式电加热器:将测温瓶旋入被测电加热器,转动调整挡,使测温头上平面和电加热器加热圈上平面为同一高度(用专用挡板),定位,再摆动调整钮,使测温头位置在电加热器加热圈中心,调整好后,放在支架板上将测温头引线连接在支架接线柱上并紧固,连接测量仪表及被测电加热器电源,并打开开关,将整个测温系统放入测试角内,充分加热1 h待温度稳定后读数。

(2)托盘式电加热器:在托盘底部中心开孔,孔的尺寸约ϕ25 mm,以通过连接线及调整钮操作方便为准,测温瓶选用托盘式测温瓶,测试方法同螺口式。

2) 方法二

(1)测温瓶调节:将测温瓶旋入待测加热器,转动测温瓶调整钮,使专用红外测温探头上平面和加热器加热圈上平面为同一高度,再摆动调整钮,使专用红外测温探头在加热器加热圈中心。

(2)高度校验:将调节好的测温瓶放入电热蚊香液加热器测温仪的高度测试座上;手动按参数设置屏的"高度校验键"对测试高度进行校验[距离设置为(25±2)mm];手动按参数设置屏的"保存键"保存。

（3）温度测试：将调节好的测温瓶旋入待测加热器；放入电热蚊香液加热器测温仪的测温座上，加热器充分加热 1 h 后，手动按下"启动按钮"进行温度测试，加热器温度稳定后自动记录显示在温度显示仪上。

注：电加热器工作温度（辐射温度）及偏差的仲裁按方法二进行检验。

6.8.3　电压波动特性

（1）试验环境：温度为（23±2）℃，相对湿度（65±15）%。

（2）试验步骤：调节电压分别在额定电压+10%、−10%两个电压值上以及调节电压值在±10%范围内变动，看器具能否正常使用。

（3）要求：电源电压在额定电压±10%范围内变动，应不影响正常使用。

6.8.4　对触及带电部件的防护

器具的结构和外壳应使其对意外触及带电部件有足够的防护。通过视检和通过以下（1）和（2）项适用的试验，并考虑（3）和（4）项确定其是否合格。

（1）要求适用于器具按正常使用进行工作时所有的位置，和取下可拆卸部件后的情况。

只要器具能通过插头或全极开关与电源隔开，位于可拆卸盖罩后面的灯则不必取下，但是，在装取位于可拆卸罩后面的灯的操作中，应确保对触及灯头的带电部件的防护。用不明的力施加给 IEC 61032 的 B 型试验探棒，器具处于每种可能的位置，探棒通过开口伸到允许的任何深度，并且在插入到任一位置之前、之中和之后，转动或弯曲探棒。如果探棒无法插入开口，则在垂直的方向给探棒加力到 20 N：如果该探棒此时能够插入开口，该试验要在试验探棒成一定角度下重复。试验探棒应不能碰触到带电部件，或仅用清漆、轴漆、普通纸、棉花、氧化膜、绝缘珠或密封剂来防护的带电部件，但使用自硬化树脂除外。

（2）用不明显的力施加给 IEC61032 的 13 号试验探棒来穿过器具上的各开口，但通向灯头和插座中的带电部件的开口除外。

注：器具输出插口不认为是插座。

试验探棒还需穿过在表面覆盖一层导电涂层如变轴或清漆的接地金属外壳

的开口。该试验探棒应不能触及带电部件。

（3）如果易触及部件为下述情况，则不认为其是带电的：该部件由安全特低电压供电，且对交流电压峰值不超过 42.4 V；对直流电压不超过 42.4 V；或该部件通过保护阻抗与带电部件隔开。

在有保护阻抗的情况下，该部件与电源之间的电流：对直流应不超过 2 mA；对交流，其峰值应不超过 0.7 mA；而且对峰值电压大于 42.4 V 小于或等于 450 V 的，其电容量不应超过 0.1 μF；对峰值电压大于 450 V 小于或等于 15 kV 的，其放电量不应超过 45 μC；通过对由额定电压供电的器具的测量确定其是否合格。应在各相关部件与电源的每一极之间分别测量电压值和电流值。在电源中断后立即测量放电量。使用标称阻值为 2000 Ω 的无感电阻来测量放电量。

（4）嵌装式器具、固定式器具和以分离组件形式交付的器具在安装或组装之前，其带电部件至少应由基本绝缘来防护。通过视检和 5 项的测试确定其是否合格。

（5）器具结构和外壳对与基本绝缘以及仅用基本绝缘与电部件隔开的金属部件意外接触应有足够的防护。

只允许触及那些由双重绝缘成加强绝缘与带电部件隔开的部件。通过视检和按条款中所述，施加 IEC 61032 的 B 型试验探棒确定其是否合格。

注 1：此要求适应于器具按正常使用工作时的所有位置，和取下可拆卸部件之后的状况。

注 2：嵌装式器具和固定式器具，要在安装就位后进行试验。

6.8.5　输入功率和电流

要求：输入功率不大于 25 W 的器具在额定电压且在正常工作温度下，其输入功率或工作电流对额定输入功率或额定电流的偏差不应超过±20%。

试验方法参照 GB 4706.81—2014 中 10.1、10.2 的有关方法进行。

6.8.6　发热

要求：电加热器外壳手握持部分的表面温升不应超过 50 K；对于直接插入电源插座的器具，器具电源插座附近表面的温升不应超过 40 K。

施加 1.06 倍额定电压，连续通电 2 h，测量电加热器外壳手握持部分表面温升值，温升通过电阻法来确定。

温升由式(6-5)计算求得：

$$\triangle T = \frac{R_2 - R_1}{R_1}(k + T_1) - (T_2 - T_1) \tag{6-5}$$

式中：$\triangle T$——绕组温升；

R_1——试验开始时的电阻；

R_2——试验结束时的电阻；

K——对铜绕组，等于 234.5；对铝绕组，等于 225；

T_1——试验开始时的空温；

T_2——试验结束时的室温。

试验开始时，绕组应处于室温。试验结束时的绕组电阻推荐用以下方法来确定：在断开开关后和其后几个短的时间间隔，尽可能快地进行几次电阻测量，以便能绘制一条电阻对时间变化的曲线，用其确定开关断开瞬间的电阻。

6.8.7　泄漏电流

1.工作温度下的泄漏电流

在工作温度下，电加热器的泄漏电流不应过大，而且其电气强度应满足规定要求。通过以下的试验确定其是否合格。电加热器以 1.06 倍的额定电压供电。

泄漏电流通过用 GB/T 12113—2003 中图 4 所描述的电路装置进行测量，测量在电源的任一极与连接金属箔的易触及金属部件之间进行，被连接的金属箔面积不得超过 20 cm×10 cm，并与绝缘材料的易触及表面相接触。对电加热器，其测量电路见 GB/T 12113—2003 中图 1；电加热器持续工作时间至产品明示时间长度之后，泄漏电流应不高于 0.25 mA。

2.潮态泄漏电流

电加热器具在正常环境条件下放置 24 h。器具如有电缆入口，要保持其在打开状态；器具如带有预留的现场成型孔，其中的一个要处于打开状态，取下器具可拆卸部件，如必要，取下的可拆卸部件与器具主体一起经受潮湿试验。潮湿试验在空气相对湿度为(93±3)%的湿箱内进行 48 h。空气的温度保持在 20~30 ℃ 任何一个方便值 T 的 1K 之内，在放入潮湿箱之前，使器具温度达到 T 到 $T+4$ 之间。

注 1：绝大多数情况下，在潮湿处理前，器具在规定温度下保持至少 4 h，就可达到该温度。

注 2：在潮湿箱内放置硫酸钠(Na_2SO_4)或硝酸钾(KNO_3)饱和水溶液，其容器要使溶液与空气有充分的接触面积即可获得(93±3)%的相对湿度。

注 3：在绝热箱内，确保恒定的空气循环，就可达到规定的条件。

器具应在原潮湿箱内，或在一个使器具达到规定温度的房间内，把已取下的部件重新组装完毕，随后经受测试，电加热器以 1.06 倍的额定电压供电，泄漏电流应不高于 0.25 mA。

6.8.8　电气强度

电加热器应能承受频率为 50 Hz 的交流电压历时 1 min 的耐压试验，不发生击穿现象。不同试验施加的电压如下：

(1)冷态电气强度：3000 V，试验置定电流为 100 mA。

(2)工作温度下的电气强度：3000 V，试验置定电流为 100 mA。

(3)潮态电气强度：3000 V，试验置定电流为 100 mA。

对入口衬套处、软线保护装置处或软线固定装置处的电源软线用金属箔包裹后，在金属箔与易触及金属部件之间施加试验电压，将所有夹紧螺钉用规定力矩的三分之二值夹紧。

试验初始，施加的电压不超过规定电压的一半，然后平缓地升高到规定值。在试验期间不应出现击穿。

6.8.9　耐久性

正常使用状态下施加 1.1 倍额定电压,以通电 25 min,断电 5 min 的工作周期进行试验,共进行 1000 个周期。经试验后应符合 6.8.2、6.8.6、6.8.7、6.8.8 条款中的要求,同时不得有影响正常使用的明显变形损坏。

6.8.10　非正常工作

要求:器具的结构,应可消除非正常工作或误操作导致的火灾危险,有损安全或电击防护的机械性损坏。

试验方法 GB 4706.81—2014 中第 19 章的规定方法进行。

6.8.11　机械强度

1.跌落

(1)按 GB/T 2423.8—1995 中规定方法进行,选取高度为 500 mm,正面、侧面跌落次数各为 2 次。

(2)试验在 1 台新的器具上进行,用 1 台新器具按 GB/T 2423.8—1995 规定方法 2 进行跌落试验。

跌落次数:器具质量大于 250 g 时 50 次;其他器具 100 次。

选取高度为 500 mm,正面、侧面跌落次数各为 2 次带线的电加热器经自由跌落应按(1)试验后能正常使用,器具无损坏并应符合 6.8.4、6.8.8、6.8.15 条款中的要求。

直接插入电源插座的器具应按(2)试验,器具无损坏并应符合 6.8.4、6.8.8、6.8.15 条款中的要求。

2.冲击

按 GB 4706.1—2005 第 21 章的规定方法进行。器具经试验后,仍能正常使用,并符合 6.8.4、6.8.7、6.8.8、6.8.15 条款中的要求。

3.结构

按 GB 4706.81—2014 第 22 章规定的方法进行。产品应为 Ⅱ 类电器结构,并符合 GB 4706.81—2014 第 2 章中有关要求。

6.8.12　内部布线

(1)布线通路应光滑，而且无锐利棱边。

布线的保护应使它们不与那些可引起绝缘损坏的毛刺、冷却翅片或类似的棱缘接触。有绝缘导线穿过的金属孔洞，应有平整、圆滑的表面或带有绝缘套管。应有效地防止布线与运动部件接触。通过视检确定其是否合格。

(2)带电导线上的绝缘珠和类似的陶瓷绝缘子应被固定或支撑，以使它们不能改变位置或搁在锐利的角棱上。如果绝缘珠是在柔性的金属导管内，除非该导管在正常使用时不能移动，否则就应被装在一个绝缘套内。通过视检和手动试验确定其是否合格。

(3)在正常使用或在用户维护保养中能彼此相互移动的器具不同零件，不应对电气连接和内部导线（包括提供接地连续性的导线）造成过分的应力，柔性金属管不应引起其内所容纳导线的绝缘损坏。开式盘簧不能用来保护导线，如果用一个簧圈相互接触的盘簧来保护导线，则在此导线的绝缘以外，还要另加上一个合适的绝缘衬层。

通过视检并通过下述试验确定其是否合格，如果在正常使用中出现弯曲，则把器具放在使用的正常位置上，并在正常工作状态下以额定电压活动部件前后移动，使导线在结构所允许的最大角度内弯曲，弯曲速率为 30 次/min，其弯曲次数为：对正常工作时会发生弯曲的导线，10000 次；对用户维护保养期间受弯曲的导线，100 次。

注：一次弯曲为向后或向前的一次运动。

器具不应出现本部分意义上的损坏，而且器具应能继续使用。特别是布线和它们的连接应经受电气强度试验，但其试验电压要降 1000 V，而且试验电压仅施加在带电部件和易触及金属部件之间。

(4)内部布线的绝缘应能经受住在正常使用中可能出现的电气应力。通过下述试验确定其是否合格。基本绝缘的电气性能应等效于 GB 5023.1—2008 或 GB 5013.1—2008 所规定的软线的基本绝缘，或者符合下列的电气强度测试。在导线和包裹在绝缘层外面的金属箔之间施加 2000 V 电压，持续 15 min，不应击穿。

注 1：如果导线的基本绝缘不满足这些条件之一，则认为该导线是裸露的。

注 2：该试验仅对承受电网电压的布线适用。

注 3：对于 II 类结构，附加绝缘和加强绝缘的要求适用，除非软线护套符合 GB 5023.1—2008 或 GB 5013.1—2008 的要求，则软线护套可以作为附加绝缘。

(5)当套管作为内部布线的附加绝缘来使用时，它应采用可靠的方式保持在位。通过视检并通过手动试验确定其是否合格。

(6)铝线不应于内部布线。

(7)直接插入电源插座并可以沿插座方向转动的器具应经受下述试验，可沿逆时针和顺时针方向转动的移动部件按器具结构对插座允许的最大角度转动，以 10 r/min 的速度转动 100 次。试验后器具应符合相关规定的要求并且电器连接不应松动。

6.8.13　螺钉和连接

按 GB 4706.1—2005 中第 28 条规定的方法进行，应符合 GB 7061.1—2005 中第 28 条的规定。

6.8.14　电源连接和外部软线、插头

1.电源线尺寸

(1)长度用钢卷尺测量，由电源软线或护套进入器具的那一点至插头入口处。

(2)目测是否提供强制性产品认证相关材料。

2.电源线

带电源线的电加热器，其 2000 mm 以内导线标称截面积应不小于 0.5 mm², 1000 mm 以内特殊规格的产品长度需明示，其长度不应小于明示值。

电源软线不应低于以下规格：

(1)编织的软线为 GB 5013.1—2008(idt IEC60245)的 51 号线，如果在相应的特殊要求标准中允许。

(2)普通硬橡胶护套软线为 GB 5013.1—2008(idt IEC60245)的 53 号线。

(3)普通氯丁橡胶护套软线为 GB 5013.1—2008(idt IEC60245)的 57 号线。

(4)扁平双芯金属箔软线为 GB 5023.1—2008(idt IEC60227)的 41 号线(在相应的特殊要求标准中允许使用)。

(5)轻型聚氯乙烯护套软线 GB 5023.1—2008(idt IEC60227)的 52 号线(器具质量不超过 3 kg)。

(6)普通聚氯乙烯护套软线 GB 5023.1—2008(idt IEC60227)的 53 号线(器具质量超过 3 kg)。

聚氯乙烯护套软线,不应使用在试验期间其外部金属部件的温升超过 75K 的器具,但如果为下述情况,则可以使用:器具的结构使得电源软线在正常使用中不可能触及上述金属部件;电源软线是适合于高温的,在这种情况下,应使用 Y 型连接或 Z 型连接方式。

通过视检和通过测量确定其是否合格。

3. 电源线拉力

电源线应有防止从电加热器拉脱的固定装置,并能承受 30 N 的拉力试验 25 次,试验期间,电源线不应损坏;试验后,电源线的纵向位移不得超过 2 mm,接线端子处不应有明显的张力。

4. 电源线抗弯曲

对于无卷线盘的电加热器应进行电源线抗弯曲试验;电线进入器具入口处,经受 1 万次的抗弯曲试验,试验后绝缘体不能损坏,护套不脱落,铜芯线断股不得超过 10%。

5. 插头

插头选用应符合 GB/T 1002—2008 和 GB/T 2099.1—2008 规定的不可重接插头。

6.8.15 爬电距离、电气间隙和固体绝缘

1. 技术要求

(1)电加热器不同电位的带电部件之间,以及带电部件与其易触及表面之间的加强绝缘的电气间隙和爬电距离应符合表 6-3 的规定。

表 6-3 电加热器的合格电气间隙和爬电距离 单位：mm

部位	电气间隙	爬电距离
不同电位的带电部件之间	不小于 2.0	不小于 2.0
带电部件与其易触及表面之间	不小于 3.5	不小于 5.0

（2）附加绝缘与加强绝缘应具有足够的厚度，或具有足够的层数，以经受器具在使用中可能出现的电气应力。

2.试验方法

按 GB 4706.1—2005 中第 29 章规定的方法测量。

6.8.16 耐热

要求：外壳要有足够的耐热性，通过球压试验后，其压痕直径应不大于 2 mm。

对于非金属材料制成的外部零件，用来支撑带电部件（包括连接）的绝缘材料零件以及提供附加绝缘或加强绝缘的热塑材料零件，其恶化可导致器具不符合本标准，应有足够的耐热性。通过按 IEC60695-10-2 对有关的部件进行球压试验确定其是否合格。

该试验在烘箱内进行，烘箱温度为（40±2）℃加上发热试验期间确定的最大温升，但该温度应至少满足以下要求：

（1）对外部零件为：（75±2）℃。

（2）对支撑带电部件的零件为：（125±2）℃。

6.8.17 指示装置

电加热器应有电源接通的指示装置。通电检查电加热器是否有指示装置。

6.8.18 标志和说明

1.器具应有含下述内容的标志

（1）额定电压或额定电压范围，单位为伏（V）。

（2）电源性质的符号，标有额定频率的除外。

（3）额定输入功率，单位为瓦（W）或额定电流，单位为安（A）。

（4）制造商或责任承销商的名称，商标或识别标志。

（5）器具名称，型号或系列号。

（6）Ⅱ类结构的符号（仅限Ⅱ类电器）。

（7）防水等级的 IP 代码 IPXO 不标出。

2. 产品包装上有如下内容

（1）当使用符号时，应使用 GB 4706.1—2005 中 7.6 规定的符号。

（2）使用说明书应随器具一起提供，以保证器具能安全使用。

（3）带有电源软线的器具应按 GB 4706.1—2005 中 7.12.5 的要求给予说明。

（4）使用说明和本标准要求的其他内容，应使用国家的官方语言文字写出。

（5）本标准所要求的标志应清晰易读并持久耐用。

（6）使用说明书应包括下述内容：器具只能使用推荐的挥发介质，使用其他介质可能会产生毒性或者火灾。使用时不应触及器具挥发介质的热表面。

第7章 电热液体蚊香的检测

电热蚊香液是由驱蚊药液和电子恒温加热器两部分组成。利用毛细管原理,通过将可吸性芯棒放置在装有家用卫生杀虫剂和溶剂组成的药液瓶中,经配套使用的电加热器加热后,在特定温度下,使驱蚊液的有效成分以气态均匀挥散到空间,作用于蚊虫,起到驱(灭)蚊虫效果。因其可以连续较长时间地使用、驱蚊效果稳定而备受人们喜爱。电热蚊香液的生物效果和电加热器的质量是衡量电热蚊香液产品质量的主要依据。

本章主要介绍电热蚊香液和电加热器的检验指标的检测。

7.1 术语和定义

7.1.1 测试角

测试角是指能使被测样品处于无强制对流空气作用的装置。

7.1.2 工作温度(辐射温度)

工作温度(辐射温度)是指在正常工作状态下,电加热器发热圈内中心的稳定温度。

7.1.3 挥发速率

在明示持效期内一半时间的药液剩余量与明示净含量的比值和剩余药液的

有效成分与明示有效成分的比值。

7.1.4 击倒中时

在规定的条件下，50%的试虫被击倒（即仰倒）所需的时间。

7.2 有效成分使用要求

（1）要求：应是按照国家有关部门规定进行登记允许使用的药剂。

（2）检验方法：登录中国农药信息网，进入数据中心，查询产品提供的农药登记证号，检查农药登记证是否在有效期内、所使用的农药名称是否为已经登记的且是相应的登记计量。

7.3 毒理

提供农药登记资料规定中相应剂型的毒理学试验报告。应符合中华人民共和国农业部［2007年］10号令中相应剂型的毒理学试验要求。

7.4 结构和尺寸

7.4.1 仪器

显微镜或专用螺纹环规测量。

7.4.2 检测方法

目测和仪器测量。

7.4.3 技术要求

药液瓶应由瓶体、药液、吸液芯棒、瓶塞、瓶盖等组成；带有螺纹的药液瓶口径的外螺纹尺寸，螺纹外径 D 为 $24.5^{1}_{-0.5}$ mm，螺距 t 为 2.5 mm，螺纹宽度 A 为 1.25 mm，螺纹高度 h 大于 0.95 mm。

7.5　感官的检测

7.5.1　仪器

与电热蚊香液配套的电加热器。

7.5.2　检测方法

药液在配套的加热器通电加热后，用目测和嗅觉判断。

7.5.3　技术要求

同一产品可为无味型或多种香型，其香型应与明示香型相符合；药液应澄清，无絮状、无分层、无结晶，无沉淀；正常使用时应无明显烟雾及异味。

7.6　净含量的检测

7.6.1　仪器

(1)量筒，分度值：0.1 mL。
(2)天平，分度值：0.1 g。

7.6.2　检测方法

将药液倒入量筒或用天平称量，读出测试值。

7.6.3　技术要求

电热蚊香液应明示在产品或包装上，用容积或质量单位标注，其偏差应符合国家质量监督检验检疫总局令第 75 号中附表 3 相应规定。

7.7 密闭性的检测

7.7.1 检测方法

将药液瓶盖旋紧置于平面上倒置 24 h 后,再平置 2 h,目测。

7.7.2 技术要求

药液瓶经试验后,瓶体外部无药液外溢。

7.8 自由跌落

7.8.1 检测方法

将药液瓶盖旋紧,于 300 mm 高度,底面 3 次、侧面 3 次分别自由跌落于硬质地面。

7.8.2 技术要求

药液瓶经试验后,瓶体外部应无药液外溢,瓶体无破损,芯棒不断裂。

7.9 有效成分含量的检测

7.9.1 检测方法

样品用邻苯二甲酸二戊酯作内标物,在 Rtx-5 毛细管柱上进行气相色谱的分离和测定。

7.9.2 技术要求

有效成分含量应在产品包装上明示,其含量允许波动范围为明示值的

90%~125%。凡产品中有效成分含量低于 0.1 %的组分,应在企业生产线上抽取有效成分含量低于 0.1 %组分的料液,并测试其有效成分含量。

7.9.3　仪器

(1)气相色谱仪:具有氢火焰离子化检测器。

(2)色谱柱:ϕ0.25 mm×30 m×0.25 μm,内涂 SE-54 毛细管柱。

(3)微量注射器 10 μL。

(4)磨口试管、磨口三角瓶。

(5)容量瓶:50 mL、100 mL。

(6)天平:分度值为 0.1 mg。

(7)带橡皮头的滴管。

7.9.4　试剂

(1)内标物:邻苯二甲酸二戊酯,不含干扰杂质。

(2)溶剂:丙酮或甲醇(分析纯)。

(3)标准样品:烯丙菊酯、炔丙菊酯、四氟甲醚菊酯、四氟苯菊酯、氯氟醚菊酯、氯菊酯等。

7.9.5　气相色谱条件

1.温度

(1)柱温:220 ℃。

(2)汽化温度:250 ℃。

(3)检测器温度:250 ℃。

2.载气

氮气。

上述操作条件系典型操作参数,可根据不同仪器特点,对给定的操作条件做适当调整,以期获得最佳效果。

7.9.6 检测步骤

1. 内标溶液的制备

在 100 mL 容量瓶中，称取相应的内标物 0.3~0.5 g（精确至 0.0002 g），用丙酮或无水乙醇溶解并定容至刻度摇匀备用。

2. 标准溶液的制备

在一支磨口三角瓶中准确称取与被测样品相当量的各种标准样品（精确至 0.0002 g），再称取邻苯二甲酸二戊酯 0.015~0.025 g（精确至 0.0002 g），加入丙酮溶液 5 mL，充分溶解后定容，闭塞摇匀，放入冰箱待用。

3. 样品液的制备

在一支磨口试管中准确称取电热蚊香液 1~4 g（精确至 0.0002 g，视待测物质的量而定），再称取邻苯二甲酸二戊酯 0.015~0.025 g，闭塞摇匀，待分析。

4. 测定

在以上设定的色谱条件下，待仪器稳定后，连续用微量注射器注入标样溶液，直至相邻两针标准物与内标物的峰面积比变化小于 1.5 % 时，按标样溶液、样品溶液、样品溶液、标样溶液的顺序进样分析。

5. 计算

将测得的样品溶液中的样品峰与内标峰面积比及两针标样溶液中两针内标峰与标样峰面积比分别进行平均，按式（7-1）和式（7-2）计算待测成分的质量分数 w_x。

校正因子 f：

$$f = A_2 \times \frac{m_{i2}}{m_{s2}} \times c_{标} \qquad (7-1)$$

待测成分的质量分数：

$$w_x(\%) = f \times \frac{m_{s1}}{m_{i1}} \times A_1 \times 100\% \qquad (7-2)$$

式中：A_1——样品溶液中样品峰与内标峰面积比的平均值；

A_2——标样溶液中内标峰与标样峰面积比的平均值；

m_{x1}——样品溶液中内标物的质量，单位为克（g）；

m_{x2}——标样溶液中内标物的质量，单位为克（g）；

m_{i1}——样品溶液中样品的质量，单位为克（g）；

m_{i2}——标样溶液中标准物质的质量，单位为克（g）；

$c_{标}$——标准物质的含量，%。

注：有效成分含量应在产品包装上明示；电热蚊香液产品其有效成分含量允许波动范围为标明值的 90%~125%。

6.结果判定

有效成分含量不合格，可在同批抽样产品中进行二次测试。如仍不合格，则该项判为不合格。

7.10　挥发速率的检测

挥发速率是药液在配套的电加热器加热到明示时间一半时，通过测定剩余药液中有效成分含量以及剩余药液的体积来考查液体蚊香是否具有持续稳定的药效性的一个重要指标。根据国家相关标准要求，电液蚊香液连续使用至明示时间的一半时，其剩余药液量不低于明示净含量的 30%，剩余药液有效成分含量不得低于明示有效成分含量的 80%。

7.10.1　测试条件

（1）室温：（23±3）℃。

（2）相对湿度：（65±15）%。

7.10.2　操作步骤

将蚊香液与配套的加热器组装好，电加热器在额定电压下加热并开始计时，当加热至明示时间的一半时停止加热。剩余药液量按 7.6 中规定电热蚊香液净含量方法测试为 m_2。有效成分含量按 7.9 中规定电热蚊香液有效成分含量测试方法测试 m_4。

药液的挥发速率按式（7-3）计算：

$$V_{r药液}=\frac{m_2}{m_1}\times100\%\qquad(7-3)$$

有效成分的挥发速率按式(7-4)计算:

$$V_{r有效成分}=\frac{w_4}{w_3}\times100\%\qquad(7-4)$$

式中:$V_{r药液}$——药液挥发速率,%;

$V_{r有效成分}$——有效成分的挥发速率,%;

m_1——明示的净含量,单位为毫升或克(mL 或 g);

m_2——明示时间一半的净含量,单位为毫升或克(mL 或 g);

w_3——明示有效成分含量,%;

w_4——明示时间一半有效成分含量,%。

7.11 热贮稳定性的检测

热贮稳定性试验是通过对样品加热到一定温度条件下,贮存一段时间后所取得的试验数据,来推测常温贮存条件下的产品的稳定性。产品经热贮稳定性试验后,其有效成分中菊酯类有效成分含量的降解率应不大于 10%,其他类有效成分含量的降解率应不大于 15%。

7.11.1 仪器

(1)防爆烘箱:控温(54±2) ℃。

(2)天平:分度值不低于 0.01 g。

7.11.2 操作步骤

将一瓶测试样品先取出一部分测试其有效成分含量,剩余部分将外盖旋紧装入原包装中,再放置在(54±2) ℃的恒温箱内,14 d 后,取出试样后于 24 h 内按有效成分含量测定方法测试并计算降解率。

有效成分的降解率 $A(\%)$ 按式(7-5)进行计算:

$$A(\%) = \frac{w_1 - w_2}{w_1} \times 100\% \qquad (7-5)$$

式中：w_1——热贮前测出的样品有效成分含量；

　　　w_2——热贮后测出的样品有效成分含量。

结果判定：降解率不合格，可在同批抽样产品中进行二次测试。如仍不合格，则该项判定为不合格。

7.12　最低持效期的检测

7.12.1　检测方法

目测。

7.12.2　检测步骤

旋开药液瓶盖，在温度(25±3)℃，相对湿度(65±15)%条件下，连续通电进行试验(药液瓶与配套的电加热器连接)。观察通电试验至产品明示期结束时是否还有剩余药液。

7.12.3　技术要求

电热蚊香液应标明最低持效期(以小时表示)，瓶内应装有足够的药液以确保产品高于最低持效期的使用。

7.13　药效的检测

电热蚊香液的药效是指产品在规定的条件下及规定的时间内，应达到的驱(灭)蚊虫效果。

7.13.1　供试材料

采用实验室饲养的敏感品系标准试虫。淡色库蚊(Culex pipienspallens)(北方地区)或致倦库蚊(Culex pipiensquinquefasciatus)(南方地区),羽化后第 3~5 天未吸血的雌性成虫。

7.13.2　仪器设备

(1)圆筒装置。无色透明圆筒架于支架上,支架上框插入一块拉板,拉板下有一无色透明缸(或筒),其侧壁中部有一个放虫孔,放入试虫后用胶塞塞住。无色透明缸(或筒)口上有 12 目筛网盖,支架底部架有支柱,使缸(或筒)密合于圆筒下部,圆筒顶部盖有一无色透明圆板,圆板中央有一圆孔,供喷射气雾剂使用,喷射后用胶塞塞住。圆筒与圆板相接处用橡胶垫圈垫衬,以防雾滴泄漏。

(2)方箱装置。玻璃制方箱,架于支架上,在方箱一侧面的下角有一小门,此侧面的上方还有一放虫孔,可用胶塞塞紧,另一侧面整个为一大门。测试时,应密封。

(3)吸蚊管。

(4)秒表。

(5)计数器。

7.13.3　试验条件

(1)温度:(26±1)℃。

(2)相对湿度:(60±10)%。

7.13.4　圆筒法

1.时段设置

遵循"留首定尾中插三"的原则确定 5 个时段进行药效测试。即通电 2 h 和该产品推荐最长使用时间分别为首、尾 2 个时段点,再于这 2 个时段点之间相等间隔地排出 3 个时段定为测试时段点。

2.操作步骤

采用圆筒装置。每次试验吸取试蚊 30 只,由圆板的中央圆孔处放入,塞紧胶塞。待试虫恢复正常活动后,将连续通电至相应时段点载有待测电热蚊香液的加热器放置在圆板的中央孔下方，靠紧中央孔，熏杀 1 min，立即塞上胶塞，并计时，每隔一定时间记录被击倒的试虫数。观察时限为 20 min，测试应重复 3 次及以上。每次试验结束，应清洗试验装置。

7.13.5　方箱法

1. 时段设置

同圆筒法的时段设置。

2. 操作步骤

采用方箱装置。每次试验吸取试蚊 50 只，由防虫口放入。待试虫恢复正常活动后，将连续通电至相应时段点载有待测电热蚊香液的加热器由小门放入玻璃箱中央，立即密闭整个方箱装置，并计时。每隔一定时间记录被击倒的试虫数，观察时限为 20 min。测试应重复 3 次及以上。每次试验结束，应清洗试验装置。

7.13.6　计算

将重复测试数据按线性加权法计算 KT_{50} 值及毒力回归方程。

7.13.7　评价

根据 KT_{50} 值进行药效评价，具体评价指标见表 7-2，结果分 A、B 两级，五个时段结果均为 A 级才可定为 A 级，一个时间段达不到 B 级标准属不合格产品。

表 7-2　电热蚊香液药效评价指标

方法	KT_{50}/min	
	A 级	B 级
圆筒法	≤4.0	≤8.0
方箱法	≤6.0	≤10.0

7.13.8　结果与报告编写

根据统计结果进行分析评价，写出正式试验报告，并列出原始数据。

7.14 加热器的检测

7.14.1 外观

1.检测方法

目测和手感检查。

2.技术要求

塑料件不得有明显塑性缺陷及翘曲变形、裂纹、划痕、毛刺；电加热器各零部件组装配合牢固，紧固件不得松动；金属部件不得有锈。

7.14.2 电加热器工作温度(辐射温度)及偏差

电加热器的工作温度(辐射温度)由生产企业自定，应在器具或包装上明示，温度偏差为±7 ℃。

1.测试条件

在温度(23±2) ℃，相对湿度(65±15)%，无外界气流的测试角内进行。

2.仪器名称

电热蚊香液加热器温度测试仪器。

3.仪器精度

±0.5 ℃(分辨率不小于0.1 ℃)。

4.测温范围

0~200 ℃。

5.专用测头

专用铂电阻温度计。

6.测温探头

红外测温探头。

7.测试步骤

本章节介绍2种测试方法，分别是方法一和方法二。

1)方法一

（1）螺口式电加热器：将测温瓶旋入被测电加热器，转动调整档，使测温头上平面和电加热器加热圈上平面为同一高度（用专用挡板），定位，再摆动调整钮，使测温头位置在电加热器加热圈中心，调整好后，放在支架板上将测温头引线连接在支架接线柱上并紧固，连接测量仪表及被测电加热器电源，并打开开关，将整个测温系统放入测试角内，充分加热 1 h 待温度稳定后读数。

（2）托盘式电加热器：在托盘底部中心开孔，孔的尺寸约 $\phi25$ mm，以通过连接线及调整钮操作方便为准，测温瓶选用托盘式测温瓶，测试方法同螺口式。

2）方法二

（1）测温瓶调节：将测温瓶旋入待测加热器，转动测温瓶调整钮，使专用红外测温探头上平面和加热器加热圈上平面为同一高度，再摆动调整钮，使专用红外测温探头在加热器加热圈中心。

（2）高度校验：将调节好的测温瓶放入电热蚊香液加热器测温仪的高度测试座上；手动按参数设置屏的"高度校验键"对测试高度进行校验[距离设置为（25±2）mm]；手动按参数设置屏的"保存键"保存。

（3）温度测试：将调节好的测温瓶旋入待测加热器，放入电热蚊香液加热器测温仪的测温座上，加热器充分加热 1 h 后，手动按下"启动按钮"进行温度测试，加热器温度稳定后自动记录显示在温度显示仪上。

电加热器工作温度（辐射温度）及偏差的仲裁检验按方法二进行检验。

7.14.3　电压波动特性

1.试验环境

（1）温度为（23±2）℃。

（2）相对湿度（65±15）%。

2.试验步骤

调节电压分别在额定电压+10%、-10%2 个电压值上以及调节电压值在±10%范围内变动，看器具能否正常使用。

3.技术要求

电源电压在额定电压±10%范围内变动，应不影响正常使用。

7.14.4 对触及带电部件的防护

1.器具的结构和外壳

器具的结构和外壳应使其对意外触及带电部件有足够的防护。通过视检和以下(1)和(2)项适用的试验,并考虑(3)和(4)项目确定其是否合格。

(1)要求适用于器具按正常工作时所有的位置和取下可拆卸部件后的情况。

只要器具能通过插头或全极开关与电源隔开,位于可拆卸盖罩后面的灯则不必取下,但是,在装取位于可拆卸罩后面的灯的操作中,应确保对触及灯头的带电部件的防护。用不明的力施加给 IEC 61032 的 B 型试验探棒,器具处于每种可能的位置,探棒通过开口伸到允许的任何深度,并且在插入任一位置之前、之中和之后,转动或弯曲探棒。如果探棒无法插入开口,则在垂直的方向给探棒加力到 20 N;如果该探棒此时能够插入开口,该试验要在试验探棒成一定角度下重复。试验探棒应不能碰触到带电部件,或仅用清漆、轴漆、普通纸、棉花、氧化膜、绝缘珠或密封剂来防护的带电部件,但使用自硬化树脂除外。

(2)用不明显的力施加给 IEC61032 的 13 号试验探棒来穿过器具上的各开口,但通向灯头和插座中的带电部件的开口除外。

注:器具输出插口不认为是插座。

试验探棒还需穿过在表面覆盖一层导电涂层如变轴或清漆的接地金属外壳的开口。该试验探棒应不能触及带电部件。

(3)如果易触及部件为下述情况,则不认为其是带电的:该部件由安全特低电压供电,且对交流的电压峰值不超过 42.4 V;对直流的电压不超过 42.4 V 或该部件通过保护阻抗与带电部件隔开。

在有保护阻抗的情况下,该部件与电源之间,对直流应不超过 2 mA;对交流,其峰值应不超过 0.7 mA;而且对峰值电压大于 42.4 V 小于或等于 450 V 的,其电容量不应超过 0.1 μF;对峰值电压大于 450 V 小于或等于 15 kV 的,其放电量不应超过 45 μC;通过对由额定电压供电的器具的测量确定其是否合格。应在各相关部件与电源的每一极之间分别测量电压值和电流值。在电源中断后立即测量放电量。使用标称阻值为 2000 Ω 的无感电阻来测量放电量。

(4)嵌装器具、固定式器具和以分离组件形式交付的器具在安装或组装之前,其带电部件至少应由基本绝缘来防护。

2. 器具结构和外壳

对与基本绝缘以及仅用基本绝缘与电器部件隔开的金属部件,意外接触应有足够的防护。只允许触及那些由双重绝缘或加强绝缘与带电部件隔开的部件。通过视检和施加 IEC 61032 的 B 型试验探棒确定其是否合格。

注1:此要求适应于器具按正常使用工作时的所有位置,和取下可拆卸部件之后的状况。

注2:嵌装式器具和固定式器具,要在安装就位后进行试验。

7.14.5 输入功率和电流

1. 技术要求

输入功率不大于 25 W 的器具在额定电压且在正常工作温度下,其输入功率或工作电流对额定输入功率或额定电流的偏差不应超过±20%。

2. 试验方法

参照 GB 4706.81—2014 中 10.1 和 10.2 条款中的有关方法进行。

7.14.6 发热

1. 技术要求

电加热器外壳手握持部分的表面温升不应超过 50K;对于直接插入电源插座的器具,器具电源插座附近表面的温升不应超过 40K。

2. 检测方法

施加 1.06 倍额定电压,连续通电 2 h,测量电加热器外壳手握持部分表面温升值,温升通过电阻法来确定。

温升由式(7-6)计算求得:

$$\triangle t = \frac{R_2 - R_1}{R_1}(K + t_1) - (t_2 - t_1) \tag{7-6}$$

式中:$\triangle t$——绕组温升;

R_1——试验开始时的电阻;

R_2——试验结束时的电阻；

K——对铜绕组，等于 234.5；对铝绕组，等于 225；

t_1——试验开始时的室温；

t_2——试探结束时的室温。

试验开始时，绕组应处于室温。试验结束时的绕组电阻推荐用以下方法来确定：即在断开开关后和其后几个短的时间间隔，尽可能快地进行几次电阻测量，以便能绘制一条电阻对时间变化的曲线，用其确定开关断开瞬间的电阻。

7.14.7 泄漏电流

1. 工作温度下的泄漏电流

在工作温度下，电加热器的泄漏电流不应过大，而且其电气强度应满足规定要求。通过以下的试验确定其是否合格。电加热器以 1.06 倍的额定电压供电。

泄漏电流通过用 GB/T 12113—2003 中图 4 所描述的电路装置进行测量，测量在电源的任一极与连接金属箔的易触及金属部件之间进行，被连接的金属箔面积不得超过 20 cm×10 cm，并与绝缘材料的易触及表面相接触；电加热器持续工作时间至产品明示时间长度之后，泄漏电流应不高于 0.25 mA。

2. 潮态泄漏电流

电加热器具在正常环境条件下放置 24 h。器具如有电缆入口，要保持其在打开状态；器具如带有预留的现场成型孔，其中的一个要处于打开状态，取下器具可拆卸部件，如必要，取下的可拆卸部件与器具主体一起经受潮湿试验。潮湿试验在空气相对湿度为(93±3)%的湿箱内进行 48 h。空气的温度保持在 20~30 ℃ 任何一个方便值 T 的 1K 之内，在放入潮湿箱之前，使器具温度达到 T 到 $T±4$ 之间。

注 1：绝大多数情况下，在潮湿处理前，器具在规定温度下保持至少 4 h，就可达到该温度。

注 2：在潮湿箱内放置硫酸钠(Na_2SO_4)或硝酸钾(KNO_3)饱和水溶液，其容器要使溶液与空气有充分的接触面积，即可获得(93±3)%的相对湿度。

注 3：在绝热箱内，确保恒定的空气循环，就可达到规定的条件。

器具应在原潮湿箱内，或在一个使器具达到规定温度的房间内，把已取下的部件重新组装完毕，随后经受第 7.14.7 条中第 1 款规定的测试，电加热器以 1.06 倍的额定电压供电，泄漏电流应不高于 0.25 mA。

7.14.8　电气强度

电加热器应能承受频率为 50 Hz 的交流电压历时 1 min 的耐压试验，不发生击穿现象。不同试验施加的电压值如下：

(1)冷态电气强度：3000 V，试验置定电流为 100 mA。

(2)工作温度下的电气强度：3000 V，试验置定电流为 100 mA。

(3)潮态电气强度：3000 V，试验置定电流为 100 mA。

对入口衬套处、软线保护装置处或软线固定装置处的电源软线用金属箔包裹后，在金属箔与易触及金属部件之间施加试验电压，将所有夹紧螺钉用规定力矩的三分之二值夹紧，按以上试验电压。试验初始，施加的电压不超过规定电压的一半，然后平缓地升高到规定值。在试验期间不应出现击穿。

7.14.9　耐久性

正常使用状态下施加 1.1 倍额定电压，以通电 25 min，断电 5 min 的工作周期进行试验，共进行 1000 个周期。经试验后应符合本章 7.14.2、7.14.6、7.14.7、7.14.8 中的要求，同时不得有影响正常使用的明量变形损坏。

7.14.10　非正常工作

1.技术要求

器具的结构，应可消除非正常工作或误操作导致的火灾危险，有损安全或电击防护的机械性损坏。

2.试验方法

GB 4706.81—2014 中第 19 章的规定方法进行。

7.14.11　机械强度

1.跌落

(1)按 GB/T 2423.8—1995 中规定方法进行，选取高度为 500 mm，正面、侧面跌落次数各为 2 次。

(2)试验在一台新的器具上进行，用一台新器具按 GB/T 2423.8—1995 规定方法二进行跌落试验。

跌落次数：器具质量大于 250 g 时 50 次；器具质量小于 250 g 时 100 次。

选取高度为 500 mm，正面、侧面跌落次数各为二次带线的电加热器经自由跌落应按(1)试验后能正常使用，器具无损坏并应符合本章 7.14.4、7.14.8、7.14.15 中的要求。

直接插入电源插座的器具应按(2)试验，器具无损坏并应符合本章 7.14.4、7.14.8、7.14.15 中的要求。

2.冲击

按 GB 4706.1—2005 第 21 章的规定方法进行。器具经试验后，仍能正常使用，并符合第 6 章 6.8.4、6.8.7、6.8.8、6.8.15 条款中的要求。

3.结构

按 GB 4706.81—2014 第 22 章规定的方法进行。产品应为Ⅱ类电器结构，并符合 GB 4706.81—2014 第 2 章有关要求。

7.14.12　内部布线

(1)布线通路应光滑，而且无锐利棱边。布线的保护应使它们不与那些可引起绝缘损坏的毛刺、冷却翅片或类似的棱缘接触。有绝缘导线穿过的金属孔洞，应有平整、圆滑的表面或带有绝缘套管。应有效地防止布线与运动部件接触。通过视检确定其是否合格。

(2)带电导线上的绝缘珠和类似的陶瓷绝缘子应被固定或支撑，以使它们不能改变位置或搁在锐利的角棱上。如果绝缘珠是在柔性的金属导管内，除非该导管在正常使用时不能移动，否则就应被装在一个绝缘套内。通过视检和手动试验确定其是否合格。

（3）在正常使用或在用户维护保养中能彼此相互移动的器具的不同零件，不应对电气连接和内部导线（包括提供接地连续性的导线）造成过分的应力，柔性金属管不应引起其内所容纳导线的绝缘损坏。开式盘簧不能用来保护导线，如果用一个簧圈相互接触的盘簧来保护导线，则在此导线的绝缘以外，还要另加上一个合适的绝缘衬层。

通过视检并通过下述试验确定其是否合格，如果在正常使用中出现弯曲，则把器具放在使用的正常位置上，并在正常工作状态下以额定电压活动部件前后移动，使导线在结构所允许的最大角度内弯曲，弯曲速率为 30 次/min，其弯曲次数为：对正常工作时会发生弯曲的导线，10000 次；对用户维护保养期间受弯曲的导线，100 次。

注：一次弯曲，为向后或向前的一次运动。

器具不应出现本部分意义上的损坏，而且器具应能继续使用。特别是布线和它们的连接应经受电气强度试验，但其试验电压要降 1000 V，而且试验电压仅施加在带电部件和易触及金属部件之间。

（4）内部布线的绝缘应能经受住在正常使用中可能出现的电气应力。通过下述试验确定其是否合格。

基本绝缘的电气性能应等效于 GB 5023.1—2008 或 GB 5013.1—2008 所规定的软线的基本绝缘，或者符合下列的电气强度测试。在导线和包裹在绝缘层外面的金属箔之间施加 2000 V 电压，持续 15 min，不应击穿。

注 1：如果导线的基本绝缘不满足这些条件之一，则认为该导线是露的。

注 2：该试验仅对承受电网电压的布线适用。

注 3：对于 II 类结构，附加绝缘和加强绝缘的要求适用，除非软线护套符合 GB 5023.1—2008 或 GB 5013.1—2008 的要求，则软线护套可以作为附加绝缘。

（5）当套管作为内部布线的附加绝缘来使用时，它应采用可靠的方式保持在位。通过视检并通过手动试验确定其是否合格。

（6）铝线不应于内部布线。

（7）直接插入电源插座并可以沿插座方向转动的器具应经受下述试验，可沿逆时针和顺时针方向转动的移动部件按器具结构对插座允许的最大角度转动，以 10 r/min 的速度转动 100 次。

试验后器具应符合 7.14.5 和 7.14.17 的要求并且电器连接不应松动。

7.14.13　螺钉和连接

按 GB 4706.1—2005 第 28 章规定的方法进行，应符合 GB 7061.1—2005 第 28 章的规定。

7.14.14　电源连接和外部软线、插头

1. 电源线尺寸

(1)长度用钢卷尺测量，由电源软线或护套进入器具的那一点至插头入口处。

(2)目测是否提供强制性产品认证相关材料。

2. 电源线

带电源线的电加热器，其 2000 mm 以内导线标称截面积应不小于 0.5 mm^2，1000 mm 以内特殊规格的产品长度需明示，其长度不应小于明示值。

电源软线不应低于以下规格：

(1)编织的软线为 GB 5013.1—2008 的 51 号线(在相应的特殊要求标准中允许使用)。

(2)普通硬橡胶护套软线为 GB 5013.1—2008 的 53 号线。

(3)普通氯丁橡胶护套软线为 GB 5013.1—2008 的 57 号线。

(4)扁平双芯金属箔软线为 GB 5023.1—2008 的 41 号线(在相应的特殊要求标准中允许使用)。

(5)轻型聚氯乙烯护套软线 GB 5023.1—2008 的 52 号线(器具质量不超过 3 kg)。

(6)普通聚氯乙烯护套软线 GB 5023.1 的 53 号线(器具质量超过 3 kg)。

聚氯乙烯护套软线，不应使用于在试验期间其外部金属部件的温升超过 75K 的器具，但如果为下述情况，则可以使用：器具的结构使得电源软线在正常使用中不可能触及上述那些金属部件；电源软线是适合于高温的，在这种情况下，应使用 Y 型连接或 Z 型连接方式。

通过视检和通过测量确定其是否合格。

3. 电源线拉力

电源线应有防止从电加热器拉脱的固定装置，并能承受 30 N 的拉力试验 25 次，试验期间，电源线不应损坏；试验后，电源线的纵向位移不得超过 2 mm，接线端子处不应有明显的张力。

4. 电源线抗弯曲

对于无卷线盘的电加热器应进行电源线抗弯曲试验；电线进入器具入口处，经受 1 万次的抗弯曲试验，试验后绝缘体不能损坏，护套不脱落，铜芯线断股不得超过 10%。

5. 插头

插头选用应符合 GB/T 1002—2008 和 GB/T 2099.1—2008 规定的不可重接插头。

7.14.15　电气间隙、爬电距离和固体绝缘

1. 技术要求

(1) 电加热器不同电位的带电部件之间，以及带电部件与其易触及表面之间的加强绝缘的电气间隙和爬电距离应符合表 7-3 的规定。

表 7-3　电气间隙和爬电距离技术要求　　　　　　　　　单位：mm

部位	电气间隙	爬电距离
不同电位的带电部件之间	不小于 2.0	不小于 2.0
带电部件与其易触及表面之间	不小于 3.5	不小于 5.0

(2) 附加绝缘与加强绝缘应具有足够的厚度，或具有足够的层数，以经受器具在使用中可能出现的电气应力。

2. 试验方法

按 GB 4706.1—2005 中第 29 章规定的方法测量。

7.14.16　耐热

外壳要有足够的耐热性，通过球压试验后，其压痕直径应不大于 2 mm。

对于非金属材料制成的外部零件,用来支撑带电部件(包括连接)的绝缘材料零件以及提供附加绝缘或加强绝缘的热塑材料零件,其恶化可导放器具不符合本标准,应充分耐热。通过按 IEC60695-10-2 对有关的部件进行球压试验确定其是否合格。

该试验在烘箱内进行,烘箱温度为(40±2)℃,加上发热试验期间确定的最大温升,但该温度应至少满足以要求。

(1)对外部零件为:(75±2)℃。

(2)对支撑带电部件的零件为:(125±2)℃。

7.14.17 指示装置

电加热器应有电源接通的指示装置。通电检查电加热器是否有指示装置。

7.14.18 标志和说明

1. 器具应有的标志

(1)额定电压或额定电压范围,单位为伏(V)。

(2)电源性质的符号,标有额定频率的除外。

(3)额定输入功率,单位为瓦(W),或额定电流,单位为安(A)。

(4)制造商或责任承销商的名称、商标或识别标志。

(5)器具名称、型号或系列号。

(6)Ⅱ类结构的符号(仅限Ⅱ类电器)。

(7)防水等级的 IP 代码 IPXO 不标出。

2. 产品包装上应有的说明

(1)当使用符号时,应使用 GB 4706.1—2005 中 7.6 规定的符号。

(2)使用说明书应随器具一起提供,以保证器具能安全使用。

(3)带有电源软线的器具应按 GB 4706.1—2005 中 7.12.5 的要求给予说明。

(4)使用说明和本标准要求的其他内容,应使用国家的官方语言文字写出。

(5)本标准所要求的标志应清晰易读并持久耐用。

(6)使用说明书应包括下述内容:器具只能使用推荐的挥发介质,使用其他介质可能会产生毒性或者引发火灾。使用时不应触及器具挥发介质的热表面。

第8章 驱蚊花露水的检验

驱蚊花露水是指以驱蚊有效成分和乙醇、香精等助剂加工制成，对蚊虫有驱避作用的液体制剂。目前市场上销售的驱蚊花露水添加的驱蚊有效成分主要有化学农药(如驱蚊酯、避蚊胺等)和植物源农药(主要是植物精油)2类，使用方法有直接涂抹皮肤和喷雾两类。本章主要介绍以化学农药为有效成分的驱蚊花露水的质量检验。

8.1 有效成分使用要求

驱蚊花露水的有效成分使用要求应符合 GB 24330—2009 标准中的相关要求，即应是按照国家有关部门规定进行登记允许使用的药剂。驱蚊花露水产品已列入农药登记管理范围，应办理农药登记证，生产时只允许添加农药登记证上登记的农药，不得添加农药登记证上未经登记的农药。

8.1.1 目测

通过中国农药信息网上查询农药登记证或企业提供的农药登记证，主要检查以下内容：一是检查产品包装上明示的农药登记信息是否与农药登记证上的信息相一致；二是检查产品包装上明示的生产日期是否在农药登记证的有效期范围内。

8.1.2 定性试验

通过定性试验(参照本章中"有效成分含量及允许波动范围"的试验方法执行),检查产品中是否添加了农药登记证上未经登记的农药。

8.2 外观和感官的检测

驱蚊花露水外观和感官应符合:瓶身应完整,盖(喷雾阀)与瓶配合紧密,不应有泄漏;印刷应图文清晰,不应有明显划伤和污迹。剂液应均相、清澈,不浑浊,不应有明显杂质。产品香型应与明示香型相符合。

8.2.1 外观

目测。

8.2.2 感官

将驱蚊液喷抹在人的皮肤上,用嗅觉判断。

8.3 净含量的检测

驱蚊花露水的净含量应明示在产品或包装上,用容积或质量单位标注,其偏差应符合《定量包装商品计量监督管理办法》(总局令〔2005〕75 号)相应规定(具体参见表8-1)。

表 8-1 允许短缺量

质量或体积定量包装商品的标注净含量(Q_n)g 或 mL	允许短缺量(T)	
	Q_n 的百分比	g 或 mL
0~50	9	—
50~100	—	4.5

续表 8-1

质量或体积定量包装商品的标注净含量(Q_n)g 或 mL	允许短缺量(T)	
	Q_n 的百分比	g 或 mL
100~200	4.5	—
200~300	—	9
300~500	3	—
500~1000	—	15
1000~10000	1.5	—
10000~15000	—	150
15000~50000	1	

8.3.1　净容量测定

1. 仪器

量筒:分度值为 0.1 mL。

2. 试验步骤

药液倒入量筒测量,读出测试值。

8.3.2　净质量测定

1. 仪器

天平:分度值为 0.01 g。

2. 试验步骤

将试样称其总质量,然后去尽内容物,洗净烘干,称取包装质量,按以式 (8-1)计算净质量 m:

$$m = m_1 - m_2 \qquad (8-1)$$

式中: m——净质量,单位为克(g);

　　　m_1——试样总质量,单位为克(g)

　　　m_2——包装重量,单位为克(g)

8.4 pH 的检测

驱蚊花露水的 pH 应控制在 4.0~8.5。

8.4.1 试剂

实验室用水采用 GB/T 6682—2016 中的三级水,其中电导率小于等于 5 μS/cm,用前煮沸冷却。

从常用的标准缓冲溶液中选取两种以校准 pH 计,它们的 pH 应尽可能接近试样预期的 pH。

8.4.2 仪器

(1) pH 计:包括温度补偿系统,精度至少为 0.02。
(2) 玻璃电极、甘汞电极或复合电极。

8.4.3 试验步骤

1.试样准备

将适量包装容器中的试样放入烧杯中,调节至规定温度,待用。

2.校正

按仪器使用说明校正 pH 计,在所规定温度下校正,或在温度补偿系统下进行校正。

3.测定

电极、洗涤用水和标准缓冲溶液的温度需调至规定温度,彼此间温度越接近越好,或同时调节至室温校正。仪器校正后,首先用水冲洗电极,然后用滤纸吸干。将电极小心插入试样中,使电极浸没,待 pH 计读数稳定,记录读数。读毕,需彻底清洗电极。

8.4.4 结果计算

pH 的测定结果以 2 次测量的平均值表示,精确到 0.1。

8.4.5 精确度

平行试验误差应不大于 0.1。

8.5 色泽稳定性的检测

驱蚊花露水经色泽稳定性试验后,色泽应无明显变化。

8.5.1 仪器

电热恒温培养箱:控温(48±1) ℃。

8.5.2 试验步骤

将试样分别倒入两支 ϕ 20 mm×130 mm 的试管内,使液面高度约为试管的 2/3,并塞上干净的软木塞,将其中一支置于预先调节至(48±1) ℃恒温培养箱内,1 h 后打开软木塞一次,然后再次塞好,继续放入恒温培养箱内,经 24 h 后取出,冷却至室温,与另一支在室温存放的样品进行目测比较。

8.6 低温稳定性的检测

驱蚊花露水经低温稳定性试验后,产品应澄清,不应有絮状沉淀、浑浊现象。

8.6.1 仪器

低温箱:控温(0±2) ℃。

8.6.2 试验步骤

将样品摇匀后,取 80 mL 置于 150 mL 具塞磨口三角瓶中,在低温箱为 (0±2) ℃条件下保持 1 h,每隔 15 min 用玻璃棒搅拌 15 s。将三角瓶在低温箱继续放置 7 d,7 d 后取出,恢复至室温,于 24 h 内观察。

8.7　有效成分含量的检测

驱蚊花露水的有效成分含量应在产品包装上明示,其允许波动范围应符合 GB 24330—2009 标准中相关规定(具体见表8-2)。

表8-2　驱蚊花露水的有效成分含量波动范围

标明含量 X(%或 g/100 mL^{-1})	允许波动范围
$X \leqslant 1$(或不以质量分数表示)	$-15\%X \sim 35\%X$
$1 < X \leqslant 2.5$	$\pm 25\%X$
$2.5 < X \leqslant 10$	$\pm 10\%X$
$10 < X \leqslant 25$	$\pm 6\%X$
$25 < X \leqslant 50$	$\pm 5\%X$
$X > 50$	$\pm 2.5\%$或 2.5 g/100 mL

注:X指产品中每一种有效成分含量。

8.7.1　鉴别试验

在相同的色谱操作条件下,试样中有效成分色谱峰的保留时间与标样溶液中有效成分的保留时间,其相对差值应在1.5%以内,本鉴别试验可与有效成分含量的测定同时进行。

8.7.2　方法提要

本方法以避蚊胺成分为例,其他成分可参照使用。用丙酮做溶剂,以邻苯二甲酸二丁酯为内标,使用气相色谱仪对试样中有效成分进行分离和定量。

8.7.3　试剂

(1)内标物:邻苯二甲酸二丁酯,应不含干扰杂质。

(2)溶剂:丙酮(分析纯)。

(3)标准品：避蚊胺，已知质量分数。

8.7.4　仪器设备

(1)气相色谱仪：具有氢火焰离子化检测器。

(2)色谱柱：30 m×ϕ0.53 mm，膜厚 0.25 μm，内壁涂100%甲基聚硅氧烷的石英毛细管柱。

(3)天平：分度值为 0.0001 g。

(4)微量进样器：10 μL。

(5)具塞磨口三角瓶：50 mL。

8.7.5　气相色谱操作条件

(1)柱温：220 ℃保持 5 min，以 20 ℃/min 升温至 280 ℃。

(2)汽化温度：290 ℃。

(3)检测器温度：290 ℃。

(4)载气：氮气。

上述操作条件系典型操作参数，可根据不同仪器特点，对给定的操作条件做适当调整，以期获得最佳效果。

8.7.6　试验步骤

1.标准溶液的配制

称取标准样品约 0.05 g(精确至 0.0002 g)于 50 mL 具塞磨口三角瓶中，再称取邻苯二甲酸二丁酯约 0.07 g(精确至 0.0002 g)，用适量丙酮溶解，闭塞摇匀，备用。

2.样品溶液的配制

称取与 0.05 g 避蚊胺标准品相当的试样(精确至 0.0002 g)，置于 50 mL 具塞磨口三角瓶中，加入邻苯二甲酸二丁酯约 0.07 g(精确至 0.0002 g)，用适量丙酮溶解，摇匀，待测。

3.测定

在上述色谱条件下，待仪器基线稳定后，连续注入数针标准溶液，计算各针相对响应值，直至相邻两针相对响应值变化小于1.5%时，按标准溶液、样品溶液、样品溶液、标准溶液的顺序进样测定。

8.7.7 结果计算

将测得的两针样品溶液以及试样前后2针标准溶液中有效成分的峰面积与内标峰面积之比分别取平均值。试样中有效成分的质量分数按式(8-2)计算。

$$w_0 = \frac{m_{11} \times m_{22} \times r_1 \times \rho}{m_{12} \times m_{21} \times r_2} \times 100\% \qquad (8-2)$$

式中：w_0——试样中避蚊胺的质量分数，%；

m_{11}——样品溶液中邻苯二甲酸二丁酯的质量，g；

m_{12}——样品的质量，g；

m_{21}——标准溶液中邻苯二甲酸二丁酯的质量，g；

m_{22}——标准溶液中避蚊胺标准品的质量，g；

r_1——2针样品溶液中避蚊胺峰面积和内标峰面积比的平均值；

r_2——2针标准溶液中避蚊胺峰面积和内标峰面积比的平均值；

ρ——避蚊胺标准品的质量分数。

8.7.8 允许差

本方法2次平行测定结果有效成分质量分数的相对偏差不应大于10%，取其算术平均值作为测定结果。

8.8 热贮稳定性的检测

驱蚊花露水经热贮稳定性试验后，菊酯类有效成分含量的降解率不应大于10%，其他类有效成分含量的降解率不应大于15%。

8.8.1 仪器

(1)电热恒温箱：控温(54±2)℃。

(2)天平：分度值不高于0.01 g。

8.8.2 试验步骤

将测试过有效成分含量的样品剩余部分倒入聚四氟乙烯瓶中密封并称其质量，然后在(54±2)℃的恒温箱内放置14 d，取出，将聚四氟乙烯瓶外面拭净后称其质量，质量变化小于0.01 g的试样，于24 h内按本章中"有效成分含量及允许波动范围"的方法测试并计算降解率。

8.8.3 结果计算

按式(8-3)计算降解率。

$$A = \frac{w_前 - w_后}{w_前} \times 100\% \qquad (8-3)$$

式中：A——降解率，%；

　　$w_前$——热贮前测出的样品有效成分含量；

　　$w_后$——热贮后测出的样品有效成分含量。

8.9 药效的检测

驱蚊花露水的药效(有效保护时间)应不短于4.0 h。

8.9.1 供试材料

采用实验室饲养的敏感品系标准试虫白纹伊蚊(羽发后3~5天未吸血的雌性成虫)。

8.9.2 仪器设备

蚊笼：长400 mm，宽300 mm，高300 mm。

8.9.3 试验条件

(1)温度：(26±1)℃。

(2)相对湿度：(65±10)%。

8.9.4 试验步骤

1. 攻击力试验

蚊笼内放入 300 只试虫，测试人员手背暴露 40 mm×40 mm 皮肤，其余部分严密遮蔽。将手伸入蚊笼中停留 2 min，密切观察，发现蚊虫停落，在其口器将刺入皮肤前抖动手臂将其驱离，记为 1 只试虫停落。前来停落的试虫多于 30 只的测试人员和试虫为攻击力合格，此人及此笼蚊虫可进行驱避试验。

2. 驱避试验

选择 4 名及以上攻击力合格的测试人员（男女各半，且试验前和试验期间不应饮酒、茶或咖啡，不应使用含香精类的产品），在其双手手臂各画出 50 mm×50 mm 的皮肤面积，其中一只手按 1.5 mg/cm² (膏状驱避剂) 或 1.5 μL/cm² (液状驱避剂) 的剂量均匀涂抹待测的驱避剂，暴露其中的 40 mm×40 mm 皮肤，严密遮蔽其余部分，另一只手为空白对照。涂抹驱避剂 2 h，将手伸入攻击力合格的蚊虫笼中 2 min，观察有无蚊虫前来停落吸血。之后每间隔 1 h 测试一次，只要有一只蚊虫前来吸血即判作驱避剂失效。记录驱避剂的有效保护时间 (h)。每次对照手先做对照测试，攻击力合格的试虫可继续试验，试虫攻击力不合格则需更换合格试虫进行试验。

8.9.5 结果计算

将药剂对 4 名及以上受试者的有效保护时间相加，取其平均数（保留 1 位小数）作为该药剂的有效保护时间 (h)。

8.10 甲醇的检测

驱蚊花露水中甲醇含量应不高于 2000 mg/kg。

8.10.1 方法提要

样品经处理（经蒸馏或经气-液平衡）后，以气相色谱仪进行测试和定量。

本方法检出浓度为 15 mg/kg，最低定量浓度为 50 mg/kg。

8.10.2　试剂和材料

除另有规定外，本方法所用试剂均为分析纯或以上规格，水为 GB/T 6682—2016 规定的一级水。

(1)无甲醇乙醇：取 1.0 μL 注入色谱仪，应无杂峰出现。

(2)75%无甲醇乙醇：取无甲醇乙醇 75 mL，用水稀释至 100 mL。

(3)色谱担体 GDX-102(60~80 目)。

(4)色谱固定液聚乙二醇 1540(或 1500)。

(5)甲醇标准溶液：称取色谱纯甲醇 1.00 g(精确到 0.0001 g)置于 100 mL 容量瓶中，用 75%无甲醇乙醇定容至刻度，本标准溶液含甲醇 10 g/L，于冰箱中保存。

8.10.3　仪器和设备

(1)气相色谱仪：配氢火焰离子化检测器。

(2)色谱柱：规格 ϕ2 mm×2 m，内填充 GDX-102，适用于不含二甲醚的样品。

(3)色谱柱：规格 ϕ4 mm×2 m，内填充涂有 25%聚乙二醇 1540(或 1500)的 GDX-102 担体，适用于含二甲醚的样品。

(4)超级恒温水浴：温度范围 0~100 ℃，控温精度±0.5 ℃。

(5)顶空瓶：20~65 mL。

(6)注射器：0.5 μL、1 μL、1 mL。

8.10.4　试验步骤

1.甲醇标准系列溶液的制备

取甲醇标准溶液 0 mL、0.10 mL、0.50 mL、1.00 mL、2.00 mL、3.00 mL、4.00 mL 于顶空瓶中，加 75%无甲醇乙醇至 10.0 mL，配制成 0 g/L、0.10 g/L、0.50 g/L、1.00 g/L、2.00 g/L、3.00 g/L、4.00 g/L 的标准系列溶液，密封后放入 40 ℃恒温水浴中平衡 20 min。依次取液上气体 1 mL 注入气相色谱仪，记录各次色谱峰面积，并绘制峰面积-甲醇浓度(g/L)曲线。

2.取样和样品处理

直接称取样品 5 g(精确到 0.001 g)于顶空瓶中,加 75%无甲醇乙醇 5 mL,密封后置于 40 ℃恒温水浴中平衡 20 min。取气-液平衡后的液上气体作为待测样品。

3.参考色谱条件

启动色谱仪,进行必要的调节以达到仪器最佳工作条件,色谱条件依据具体情况选择,参考条件为:

(1)色谱柱的色谱条件(适用于不含二甲醚的样品):柱温,170 ℃;气化室温度,180 ℃;检测器温度,180 ℃;氮气流速,40 mL/min;氢气流速,40 mL/min;空气流速,500 mL/min。

(2)色谱柱的色谱条件(适用于含二甲醚的样品):柱温,75 ℃;气化室温度,90 ℃;检测器温度,150 ℃;氮气流速,30 mL/min;氢气流速,30 mL/min;空气流速,300 mL/min。

4.测定

依次取待测样品液上气体 1 mL 注入气相色谱仪,记录各次色谱峰面积。根据峰面积-甲醇浓度曲线,求得样品溶液中甲醇含量。

8.10.5 结果计算

$$w = \frac{\rho \times V \times 1000}{m} \qquad (8-4)$$

式中:w——样品中甲醇的质量分数,mg/kg;

ρ——测试溶液中甲醇的质量浓度,g/L;

V——样品定容体积,mL;

m——样品取样量,g。

8.11 铅的检测

驱蚊花露水中铅含量应不高于 10 mg/kg。

8.11.1　方法提要

样品经预处理使铅以离子状态存在于样品溶液中,样品溶液中铅离子被原子化后,基态铅原子吸收来自铅空心阴极灯发出的共振线,其吸光度与样品中铅含量成正比。在其他条件不变的情况下,根据测量被吸收后的谱线强度,与标准系列比较进行定量。

本方法对铅的检出限为 1.00 μg/L,定量下限为 3.00 μg/L;取样量为 0.5 g 定容至 25 mL 时,检出浓度为 0.05 mg/kg,最低定量浓度为 0.15 mg/kg。

8.11.2　试剂和材料

除另有规定外,本方法所用试剂均为分析纯或以上规格,水为 GB/T 6682—2016 规定的一级水。

(1)硝酸(ρ_{20} = 1.42 g/mL),优级纯。

(2)高氯酸[$w(HClO_4)$ = 70%~72%],优级纯。

(3)过氧化氢[$w(H_2O_2)$ = 30%],优级纯。

(4)硝酸(50%):取硝酸(ρ_{20} = 1.42 g/mL)100 mL,加水 100 mL,混匀。

(5)硝酸(0.5 mol/L):取硝酸(ρ_{20} = 1.42 g/mL)3.2 mL 加入 50 mL 水中,稀释至 100 mL。

(6)辛醇。

(7)磷酸二氢铵溶液(20 g/L):取磷酸二氢铵 20.0 g 溶于 1000 mL 水中。

(8)铅标准储备溶液:称取纯度为 99.99% 的金属铅 1.000 g,加入硝酸(1+1)溶液 20 mL,加热使溶解,移入 1 L 容量瓶中,用水稀释至刻度。

8.11.3　仪器和设备

(1)原子吸收分光光度计。

(2)离心机。

(3)硬质玻璃消解管或小型定氮消解瓶。

(4)具塞比色管:10 mL、25 mL、50 mL。

(5)蒸发皿。

(6)压力自控微波消解系统。

(7)高压密闭消解罐。

(8)聚四氟乙烯溶样杯。

(9)水浴锅(或敞开式电加热恒温炉)。

(10)天平。

8.11.4 试验步骤

1.铅标准系列溶液的制备

取铅标准储备溶液 1.0 mL 于 100 mL 容量瓶中,加硝酸(0.5 mol/L)至刻度。如此经多次稀释成每毫升含 4.00ng、8.00ng、12.0ng、16.0ng、20.0ng 的铅标准系列溶液。

2.样品处理(可任选一种方法)

1)湿式消解法

取样品 1.0~2.0 g(精确到 0.001 g),置于消解管中,同时做试剂空白。样品如含有乙醇等有机溶剂,先在水浴或电热板上低温挥发。加入数粒玻璃珠,然后加入硝酸($\rho_{20} = 1.42$ g/mL)10 mL,由低温至高温加热消解,当消解液体积减少到 2~3 mL,移去热源,冷却。加入高氯酸 2~5 mL,继续加热消解,不时缓缓摇动使均匀,消解至冒白烟,消解液呈淡黄色或无色。浓缩消解液至 1 mL 左右。冷至室温后定量转移至 10 mL 具塞比色管中,以水定容至刻度,备用。如样液浑浊,可离心沉淀后取上清液进行测定。

2)浸提法(只适用于不含蜡质的样品)

称取样品 1 g(精确到 0.001 g),置于 50 mL 具塞比色管中。随同试样做试剂空白。样品如含有乙醇等有机溶剂,先在水浴或电热板上低温挥发。加入硝酸($\rho_{20} = 1.42$ g/mL)5.0 mL、过氧化氢[$w(H_2O_2) = 30\%$]2.0 mL,混匀,如出现大量泡沫,可滴加数滴辛醇。于沸水浴中加热 2 h。取出,放置 15~20 min,用水定容至 25 mL。

3)微波消解法

称取样品 0.3~1 g(精确到 0.001 g),置于清洗好的聚四氟乙烯溶样杯内,同时做试剂空白。样品如含有乙醇等有机溶剂,先放入温度可调的 100 ℃ 恒温电加热器或水浴上挥发(不得蒸干)。根据样品消解难易程度,样品或经预处理的样品,先加入硝酸($\rho_{20}=1.42$ g/mL)2.0~3.0 mL,静置过夜,充分作用。然后再依次加入过氧化氢[$w(H_2O_2)=30\%$]1.0~2.0 mL,将溶样杯晃动几次,使样品充分浸没。放入沸水浴或温度可调的恒温电加热设备中在100 ℃下加热20 min取下,冷却。如溶液的体积不到3 mL则补充水。同时严格按照微波消解系统操作手册进行操作(见表8-3)。把装有样品的溶样杯放进预先准备好的干净的高压密闭消解罐中,拧上罐盖(注意:不要拧得过紧)。根据样品消解难易程度可在5~20 min内消解完毕,取出冷却,开罐,将消解好的含样品的溶样杯放入沸水浴100 ℃的电加热器中数分钟,驱除样品中多余的氮氧化物,以免干扰测定。

表8-3　样品消解程序

压力档	压力/Mpa	保压累加时间/min
1	0.5	1.5
2	1.0	3.0
3	1.5	5.0

将样品移至10 mL具塞比色管中,用水洗涤溶样杯数次,合并洗涤液,用水定容至10 mL,备用。

3.仪器参考条件

根据各自仪器性能调至最佳状态。参考条件为波长283.3 nm;狭缝0.2~1.0 nm;灯电流5~7 mA;干燥温度120 ℃,持续20 s;灰化温度800 ℃,持续15~20 s,原子化温度:1100~1500 ℃,持续3~5 s,背景校正采用氘灯或塞曼效应。如样品溶液中铁含量超过铅含量100倍,不宜采用氘灯扣除背景法,应采用塞曼效应扣除背景法。

4.测定

(1)在仪器参考条件下,取铅标准系列溶液各20 μL,分别注入石墨炉,测得其吸光值,得到以标准系列浓度为横坐标,吸光值为纵坐标的标准曲线。

（2）分别吸取样液和试剂空白液各 20 μL，注入石墨炉，测得其吸光值，代入标准曲线得到样液中铅含量。

（3）基本改进剂的使用：对有干扰试样，则注入适量的(一般为 5 μL)基体改进剂磷酸二氢铵溶液(20 g/L)消除干扰。绘制铅标准曲线时也要加入与试样测定时等量的基体改进剂磷酸二氢铵溶液。对于基体改进剂的使用，也可根据具体情况选择，如硝酸钯等。

8.11.5 结果计算

$$w=\frac{(\rho_1-\rho_0)\times V\times 1000}{m\times 1000\times 1000}\qquad(8-5)$$

式中：w——样品中铅的质量分数，mg/kg；

ρ_1——测试溶液中铅的质量浓度，ng/mL；

ρ_0——空白溶液中铅的质量浓度，ng/mL；

V——样品消化液总体积，mL；

m——样品取样量，g。

以重复性条件下获得的两次独立测定结果的算术平均值表示，结果保留两位有效数字。在重复性条件下获得的 2 次独立测定结果的绝对差值不得超过算术平均值的 20%。

8.12 砷的检测

驱蚊花露水中砷含量应不高于 2 mg/kg。

8.12.1 方法提要

在酸性条件下，五价砷被硫脲-抗坏血酸还原为三价砷，然后与由硼氢化钠与酸作用产生的大量新生态氢反应，生成气态的砷化氢，被载气输入石英管炉中，受热后分解为原子态砷，在砷空心阴极灯发射光谱激发下，产生原子荧光，在一定浓度范围内，其荧光强度与砷含量成正比，与标准系列比较定量。

本方法对砷的检出限为 4.0 μg/L，定量下限为 13.3 μg/L；取样量为 1 g

160

时，检出浓度为 0.01 μg/g，最低定量浓度为 0.04 μg/g。

8.12.2 试剂和材料

（1）硝酸（$\rho_{20}=1.42$ g/mL），优级纯。

（2）硫酸（$\rho_{20}=1.84$ g/mL），优级纯。

（3）氧化镁。

（4）六水硝酸镁溶液（500 g/L）：称取六水硝酸镁 500 g，加水溶解稀释至 1 L。

（5）盐酸（50%）：取优级纯盐酸（$\rho_{20}=1.19$ g/mL）100 mL，加水 100 mL，混匀。

（6）过氧化氢［$w(H_2O_2)=30\%$］。

（7）硫脲-抗坏血酸混合溶液：称取硫脲 12.5 g，加水约 80 mL，加热溶解，待冷却后加入抗坏血酸 12.5 g，稀释到 100 mL，储存于棕色瓶中，可保存一个月。

（8）氢氧化钠溶液（1 g/L）：称取氢氧化钠 1 g 溶于水中，稀释至 1 L。

（9）硼氢化钠溶液（7 g/L）：称取硼氢化钠 7 g 溶于 1 L 氢氧化钠溶液（1 g/L）中。

（10）氢氧化钠溶液（100 g/L）：称取氢氧化钠 100 g 溶于水中，稀释至 1 L。

（11）硫酸（10%）：取硫酸（$\rho_{20}=1.84$ g/mL）10 mL，缓慢加入 90 mL 水中。

（12）酚酞指示剂（1 g/L 乙醇溶液）：称取酚酞 0.1 g 溶于 50 mL 95%乙醇中加水至 100 mL。

（13）砷单元素溶液标准物质［$\rho(As)=1000$ mg/L］：国家标准单元素储备溶液，应在有效期范围内。

（14）砷标准溶液Ⅰ：移取砷单元素溶液标准物质［$\rho(As)=1000$ mg/L］1.00 mL 置于 100 mL 容量瓶中，加水至刻度，混匀。

（15）砷标准溶液Ⅱ：临用时移取砷标准溶液Ⅰ10.0 mL 于 100 mL 容量瓶中，加水至刻度，混匀。

8.12.3 仪器和设备

(1)原子荧光光度计。

(2)天平。

(3)具塞比色管:10 mL、25 mL。

(4)压力自控微波消解系统。

(5)水浴锅或敞开式电加热恒温炉。

(6)坩埚:50 mL。

8.12.4 试验步骤

1.砷标准系列溶液的制备

取砷标准溶液Ⅱ0 mL、0.10 mL、0.30 mL、0.50 mL、1.00 mL、1.50 mL、2.00 mL于25 mL具塞比色管中,加水至5 mL,加入盐酸50%溶液5.0 mL,再加入硫脲-抗坏血酸混合溶液2.0 mL,混匀,得相应浓度为0 μg/L、4 μg/L、12 μg/L、20 μg/L、40 μg/L、60 μg/L、80 μg/L的砷标准系列溶液。

2.样品处理(可任选一种)

1)HNO_3-H_2SO_4湿式消解法

称取样品1 g(精确到0.001 g)于150 mL锥形瓶中,同时做试剂空白。样品如含乙醇等溶剂,称取样品后应预先将溶剂挥发(不得干涸)。加数粒玻璃珠,加入硝酸10~20 mL,放置片刻后,缓缓加热,反应开始后移去热源,稍冷后加入硫酸2 mL。继续加热消解,若消解过程中溶液出现棕色,可加少许硝酸消解,如此反复直至溶液澄清或微黄。放置冷却后加水20 mL继续加热煮沸至产生白烟,将消解液定量转移至25 mL具塞比色管中,加水定容至刻度,备用。

2)干灰化法

称取样品1 g(精确到0.001 g)于50 mL坩埚中,同时做试剂空白。加入氧化镁1 g,六水硝酸镁溶液(500 g/L)2 mL,充分搅拌均匀,在水浴上蒸干水分后微火炭化至不冒烟,移入箱形电炉,在550 ℃下灰化4~6 h,取出,向灰分中加少许水使润湿,然后用盐酸50% 20 mL分数次溶解灰分,加水定容至25 mL,

备用。

3)微波消解法

称取样品 0.5~1 g(精确到 0.001 g)于清洗好的聚四氟乙烯溶样杯内。样品如含乙醇等溶剂,则先放入温度可调的 100 ℃恒温电加热器或水浴上挥发(不得蒸干)。根据样品消解难易程度,样品或经预处理的样品,先加入硝酸 2.0~3.0 mL,静止过夜,充分作用。然后再加入过氧化氢 1.0~2.0 mL,将溶样杯晃动几次,使品充分浸没。放入沸水浴或温度可调的恒温电加热设备中在 100 ℃下加热 20 min 取下,冷却。如溶液的体积不到 3 mL 则补充水。同时严格按照微波水解系统操作手册进行操作(见表 8-3)。把装有样品的溶样杯放进预先准备好的干净的高压密闭溶样罐中,拧上罐盖(注意:不要拧得过紧)。根据样品消解难易程度可在 5~20 min 内消解完毕,取出冷却,开罐,将消解好的含样品的溶样杯放入沸水浴或 100 ℃的电加热器中数分钟,驱除样品中多余的氮氧化物,以免干扰测定。

将样品移至 10 mL 具塞比色管中,用水洗涤溶样杯数次,合并洗涤液,用水定容至 10 mL,备用。

3.仪器参考条件

参考条件 1:灯电流,45 mA;光电倍增管负高压,340 V;原子化器高度,8.5 mm;载气流量,500 mL Ar/min;屏蔽气流量,1000 mL Ar/min;测量方式,标准曲线法;读数时间,12 s;硼氢化钾加液时间,8 s;进样体积,2 mL。

参考条件 2(附流动注射):灯电流,45 mA;光电倍增管负高压,340 V;原子化器高度,8.5 mm;氩气气压,0.03 MPa;载气流量,300 mL Ar/min;屏蔽气流量,600 mL Ar/min;测量方式,标准曲线法;读数时间,12 s;硼氢化钾加液时间,10 s;进样体积,1 mL。

4.测定

(1)在参考仪器条件下,吸取砷标准系列溶液 2.0 mL,注入氢化物发生器中,加入一定量硼氢化钠溶液(7 g/L),测定其荧光强度,以标准系列溶液浓度为横坐标、荧光强度为纵坐标,绘制标准曲线。

(2)取预处理样品溶液及试剂空白溶液 10.0 mL 于 25 mL 具塞比色管中,加入硫脲-抗坏血酸混合溶液 2.0 mL,混匀,吸取 2.0 mL,按绘制标准曲线的操作步骤测定样品荧光强度，由标准曲线查出测试溶液中砷的浓度。

8.12.5　结果计算

$$w=\frac{(\rho_1-\rho_0)\times V}{m\times1000}\qquad(8-6)$$

式中：w——样品中砷的质量分数，$\mu g/g$；

ρ_1——测试溶液中砷的质量浓度，$\mu g/L$；

ρ_0——空白溶液中砷的质量浓度，$\mu g/L$；

V——样品消化液总体积，mL；

m——样品取样量，g。

8.12.6　回收率和精密度

当样品中的砷含量在 $0.24\sim4.59\mu g/g$ 时，各浓度样品测定的批内相对标准偏差为 $1.1\%\sim10.0\%$，平均相对标准偏差为 4.7%；批间相对标准偏差为 $0.2\%\sim8.0\%$，平均相对标准偏差为 4.1%。3 个实验室分别重复测定的平均相对标准偏差分别为 5.1%、4.3%和3.2%。当样品中加入 $0.3\sim4.5\mu g/g$ 的砷时，样品的平均加标回收率为 100.3%，3 个实验室分别测定的平均加标回收率分别为 99.0%、98.1%和98.5%。

8.13　汞的检测

驱蚊花露水中汞含量应不高于 1 mg/kg。

8.13.1　方法提要

(1)样品经消解处理后，汞被溶出。汞离子与硼氢化钾反应生成原子态汞，由载气(氩气)带入原子化器中，在特制汞空心阴极灯照射下，基态汞原子被激发至高能态，去活化回到基态后发射出特征波长的荧光，在一定浓度范围内，其强度与汞含量成正比，与标准系列溶液比较定量。

(2)本方法对汞的检出限为 $0.1\ \mu g/L$；定量下限为 $0.3\ \mu g/L$。取样量为

0.5 g 时，检出浓度为 0.002μg/g，最低定量浓度为 0.006μg/g。

8.13.2　试剂和材料

（1）硝酸（ρ_{20}＝1.42 g/mL），优级纯。

（2）硫酸（ρ_{20}＝1.84 g/mL），优级纯。

（3）盐酸（ρ_{20}＝1.19g/mL），优级纯。

（4）过氧化氢[$w(H_2O_2)$＝30%]。

（5）五氧化二钒。

（6）硫酸[$\varphi(H_2SO_4)$＝10%]：取硫酸（ρ_{20}＝1.84 g/mL）10 mL，缓慢加入 90 mL 水中，混匀。

（7）盐酸羟胺溶液：取盐酸羟胺 12.0 g 和氯化钠 12.0 g 溶于 100 mL 水中。

（8）氯化亚锡溶液：称取氯化亚锡 20 g 置于 250 mL 烧杯中，加入盐酸（ρ_{20}＝1.19 g/mL）20 mL，必要时可略加热促溶，全部溶解后，加水稀释至 100 mL。

（9）重铬酸钾溶液（100 g/L）：称取重铬酸钾 10 g，溶于 100 mL 水中。

（10）重铬酸钾-硝酸溶液：取重铬酸钾溶液（100 g/L）5 mL，加入硝酸（ρ_{20}＝1.42 g/mL）50 mL，用水稀释至 1 L。

（11）辛醇。

（12）汞单元素溶液标准物质[$\rho(Hg)$＝1000 mg/L]：国家标准单元素储备溶液，应在有效期范围内。

（13）汞标准溶液I：取汞单元素溶液标准物质[$\rho(Hg)$＝1000 mg/L]1.0 mL 置于 100 mL 容量瓶中，用重铬酸钾-硝酸溶液稀释至刻度。可保存一个月。

（14）汞标准溶液Ⅱ：取汞标准溶液Ⅰ1.0 mL 置于 100 mL 容量瓶中，用重铬酸钾-硝酸溶液稀释至刻度。临用现配。

（15）汞标准溶液Ⅲ：取汞标准溶液Ⅱ10.0 mL 置于 100 mL 容量瓶中，用重铬酸钾-硝酸溶液稀释至刻度。

（16）氢氧化钾溶液（5 g/L）：称取氢氧化钾 5 g 溶于 1 L 水中。

（17）硼氢化钾溶液（20 g/L）：称取硼氢化钾（95%）20 g 溶于 1 L 氢氧化钾溶液（5 g/L）中。置冰箱内保存，一周内有效。

(18)盐酸[$\varphi(HCl) = 10\%$]：取盐酸($\rho_{20} = 1.19g/mL$)10 mL，加水 90 mL，混匀。

8.13.3 仪器和设备

(1)原子荧光光度计。

(2)所用玻璃器皿均用稀硝酸浸泡过夜，冲洗干净。试管在烘箱 105 ℃烘 2 h 备用。

(3)天平。

(4)具塞比色管：10 mL、25 mL、50 mL。

8.13.4 试验步骤

1.汞标准系列溶液的制备

取汞标准溶液Ⅲ 0 mL、0.50 mL、1.25 mL、2.50 mL、5.00 mL 置于 25 mL 具塞比色管中，加入盐酸($\rho_{20} = 1.19g/mL$)2.5 mL，加水至刻度，得相应浓度为 0 μg/L、0.20 μg/L、0.50 μg/L、1.00 μg/L、2.00 μg/L 的汞标准系列溶液。

2.样品处理(可任选一种)

1)微波消解法

称取样品 0.5~1 g(精确到 0.001 g)于清洗好的聚四氟乙烯溶样杯内。含乙醇等挥发性原料的样品，先放入温度可调的 100 ℃恒温电加热器或水浴上挥发(不得蒸干)。根据样品消解难易程度，样品或经预处理的样品，先加入硝酸 2.0~3.0 mL，静置过夜。然后再加入过氧化氢 1.0~2.0 mL，将溶样杯晃动几次，使样品充分浸没。放入沸水浴或温度可调的恒温电加热设备中在 100 ℃下加热 20 min 取下，冷却。如溶液的体积不到 3 mL 则补充水。同时严格按照微波消解系统操作手册进行操作(见表 8-3)。把装有样品的溶样杯放进预先准备好的干净的高压密闭消解罐中，拧上罐盖(注意：不要拧得过紧)。根据样品消解难易程度可在 5~20 min 内消解完毕，取出冷却，开罐，将消解好的含样品的溶样杯放入(80 ℃的)水浴锅或温度可调的电加热器中数分钟，驱除样品中多余的氮氧化物，以免干扰测定。

将样品移至 10 mL 具塞比色管中，用水洗涤溶样杯数次，合并洗涤液，加入盐酸羟胺溶液 0.5 mL，用水定容至 10 mL，备用。

2）湿式回流消解法

称取样品 1 g（精确到 0.001 g）于 250 mL 圆底烧瓶中。随同试样做试剂空白。样品如含有乙醇等有机溶剂，先在水浴或电热板上低温挥发（不得干涸）。加入硝酸 30 mL、水 5 mL、硫酸 5 mL 及数粒玻璃珠。置于电炉上，接上球形冷凝管，通冷凝水循环。加热回流消解 2 h。消解液一般呈微黄色或黄色。从冷凝管上口注入水 10 mL，继续加热 10 min，放置冷却。用水湿润过的滤纸过滤消解液，除去固形物。用蒸馏水洗滤纸数次，合并洗涤液于滤液中。加入盐酸羟胺溶液 1.0 mL，用水定容至 50 mL，备用。

3）湿式催化消解法

称取样品 1 g（精确到 0.001 g）于 100 mL 锥形瓶。随同试样做试剂空白。样品如含有乙醇等有机溶剂，先在水浴或电热板上低温挥发（不得干涸）。加入五氧化二钒 50 mg、硝酸 7 mL，置沙浴或电热板上用微火加热至微沸。取下放冷，加硫酸 5.0 mL，于锥形瓶口放一小玻璃漏斗，在 135~140 ℃下继续消解并于必要时补加少量硝酸，消解至溶液呈现透明蓝绿色或橘红色。冷却后，加少量水继续加热煮沸约 2 min 以驱赶二氧化氮。加入盐酸羟胺溶液 1.0 mL，用水定容至 50 mL，备用。

4）浸提法

称取样品 1 g（精确到 0.001 g）于 50 mL 具塞比色管中。随同试样做试剂空白。样品如含有乙醇等有机溶剂，先在水浴或电热板上低温挥发（不得干涸）。加入硝酸 5.0 mL、过氧化氢 2.0 mL，混匀。如样品产生大量泡沫，可滴加数滴辛醇。于沸水浴中加热 2 h，取出，加入盐酸羟胺溶液 1.0 mL，放置 15~20 min，加水定容至 25 mL，备用。

3.仪器参考条件

光电倍增管负高压 300 V，汞元素灯电流 15 mA，原子化器温度 300 ℃，高度 8.0 mm；氩气流速，载气 300 mL/min、屏蔽气 700 mL/min；测量方式，标准曲线法；读数方式，峰面积，读数延迟时间 2 s，读数时间为 12 s；测试样品进样量与硼氢化钾溶液（20 g/L）加液量（两者体积比为 1∶1）可设定为 0.5~0.8 mL。

4. 测定

按仪器参考条件，输入相关的参数，包括样品稀释倍数和浓度单位。预热，待仪器稳定后，取适量消解定容样品(2~5 mL)，用盐酸稀释至 10 mL，摇匀，编号后放入仪器进样架上，在同一条件下先测定标准系列溶液，后测定样品。

8.13.5 结果计算

$$w = \frac{(\rho_1 - \rho_0) \times V}{m \times 1000} \tag{8-7}$$

式中：w——样品中汞的质量分数，μg/g；

ρ_1——测试溶液中汞的质量浓度，μg/L；

ρ_0——空白溶液中汞的质量浓度，μg/L；

V——样品消化液总体积，mL；

m——样品取样量，g。

8.13.6 回收率和精密度

本方法线性范围为 0~10 μg/L；回收率为 95%；多次测定的相对标准偏差为 1.2%。

8.14 镉的检测

驱蚊花露水中镉含量应不高于 5 mg/kg。

8.14.1 方法提要

(1)样品经处理，使镉以离子状态存在于溶液中，样品溶液中镉离子被原子化后，基态原子吸收来自镉空心阴极灯的共振线，其吸收量与样品中镉的含量成正比。在其他条件不变的情况下，根据测量的吸收值与标准系列溶液比较进行定量。

(2)本方法对镉的检出限为 0.007 mg/L，定量下限为 0.023 mg/L；取样量为 1 g 时，检出浓度为 0.18 mg/kg，最低定量浓度为 0.59 mg/kg。

8.14.2　试剂和材料

除另有规定外，本方法所用试剂均为分析纯或以上规格，水为 GB/T 6682—2016 规定的一级水。

(1)硝酸(ρ_{20} = 1.42 g/mL)，优级纯。

(2)高氯酸[w(HClO$_4$) = 70% ~ 72%]，优级纯。

(3)过氧化氢[w(H$_2$O$_2$) = 30%]，优级纯。

(4)硝酸(50%)：取硝酸(ρ_{20} = 1.42 g/mL)100 mL，加水 100 mL，混匀。

(5)混合酸(3+1)：硝酸(ρ_{20} = 1.42 g/mL)和高氯酸[ω(HClO$_4$) = 70% ~ 72%]按体积比 3:1 混合。

(6)镉单元素溶液标准物质[ρ(Cd) = 1 g/L]：国家标准单元素储备溶液，应在有效期内。

(7)镉标准溶液Ⅰ：镉单元素溶液标准物质[ρ(Cd) = 1 g/L]10.0 mL 于 100 mL 容量瓶中，加硝酸(50%)2 mL，用水稀释至刻度。

(8)镉标准溶液Ⅱ：取镉标准溶液Ⅰ 10.0 mL 于 100 mL 容量瓶中，加硝酸(50%)2 mL，用水稀释至刻度。

(9)甲基异丁基酮(MIBK)。

(10)盐酸(7 mol/L)：取优级纯浓盐酸(ρ_{20} = 1.19g/mL)30 mL，加水至 50 mL。

(11)辛醇。

8.14.3　仪器和设备

(1)原子吸收分光光度计。

(2)硬质玻璃消解管或高型烧杯。

(3)具塞比色管：10 mL、25 mL。

(4)电热板或水浴锅。

(5)压力自控密闭微波消解仪。

(6)高压密闭消解罐。

(7)聚四氟乙烯溶样杯。

（8）天平。

8.14.4 分析步骤

1.镉标准系列溶液的制备

取镉标准溶液 Ⅱ 0 mL、0.50 mL、1.00 mL、2.00 mL、3.00 mL、4.00 mL、5.00 mL，分别于 50 mL 容量瓶中，加硝酸（50%）1 mL，用水稀释至刻度，得浓度为 0 mg/L、0.10 mg/L、0.20 mg/L、0.40 mg/L、0.60 mg/L、0.80 mg/L、1.00 mg/L 的镉标准系列溶液。

2.样品处理（可任选一种）

1）湿式消解法

称取样品 1~2 g（精确到 0.001 g）于消化管中，同时做试剂空白。样品如含有乙醇等有机溶剂，先在水浴或电热板上低温挥发。加入数粒玻璃珠，然后加入硝酸 10 mL，由低温至高温加热消解，当消解液体积减少到 2~3 mL，移去热源，冷却。加入高氯酸 2~5 mL，继续加热消解，不时缓缓摇动使均匀，消解至冒白烟，消解液呈淡黄色或无色。浓缩消解液至 1 mL 左右，冷至室温后定量转移至 10 mL 具塞比色管中，以水定容至刻度，备用。如样品溶液浑浊，离心沉淀后取上清液进行测定。

2）微波消解法

称取样品 0.5~1 g（精确到 0.001 g）于清洗好的聚四氟乙烯溶样杯内。含乙醇等挥发性原料的样品，先放入温度可调的 100 ℃恒温电加热器或水浴上挥发（不得蒸干）。根据样品消解难易程度，样品或经预处理的样品，先加入硝酸 2.0~3.0 mL，静置过夜，充分作用。然后再依次加入过氧化氢 1.0~2.0 mL，将溶样杯晃动几次，使样品充分浸没。放入沸水浴或温度可调的恒温电加热设备中 100 ℃加热 20 min 取下，冷却。如溶液的体积不到 3 mL 则补充水。同时严格按照微波消解系统操作手册进行操作（见表 8-3）。把装有样品的溶样杯放进预先准备好的干净的高压密闭消解罐中，拧上罐盖（注意：不要拧得过紧）。

根据样品消解难易程度可在 5~20 min 内消解完毕，取出冷却，开罐，将消解好的含样品的溶样杯放入沸水浴或 100 ℃的电加热器中数分钟，驱除样品中多余的氮氧化物,以免干扰测定。

将样品移至 10 mL 具塞比色管中,用水洗涤溶样杯数次,合并洗涤液,用水定容至 10 mL,备用。

3)浸提法(只适用于不含蜡质的样品)

称取样品 1 g(精确到 0.001 g)于 50 mL 具塞比色管中。随同试样做试剂空白。样品如含有乙醇等有机溶剂,先在水浴或电热板上低温挥发。加入硝酸 5.0 mL、过氧化氢 2.0 mL,混匀,如出现大量泡沫,可滴加数滴辛醇。于沸水浴中加热 2 h。取出,放置 15~20 min,用水定容至 25 mL。

3. 测定

按仪器操作程序,将仪器的分析条件调至最佳状态。在扣除背景吸收下,分别测定标准系列、空白和样品溶液,绘制浓度—吸光度曲线,计算样品含量。如样品溶液中铁含量超过镉含量 100 倍,则不宜采用氘灯扣除背景法。

8.14.5 结果计算

$$w = \frac{(\rho_1 - \rho_0) \times V}{m} \tag{8-8}$$

式中:w——样品中镉的质量分数,mg/kg;

ρ_1——测试溶液中镉的质量浓度,mg/L;

ρ_0——空白溶液中镉的质量浓度,mg/L;

V——样品溶液总体积,mL;

m——样品取样量,g。

8.14.6 回收率和精密度

本方法线性范围为 0.25~1.00 μg/g;多次测定其相对标准偏差为 0.73%~8.73%,回收率范围为 85.8%~101.3%。

第9章 其他产品的检测

由于驱(灭)蚊虫的产品和原辅材料种类繁多,导致其检测方法比较复杂。本章重点介绍蚊香用炭粉的检验和驱蚊产品中昆虫驱避剂的测定。

9.1 蚊香用炭粉的检测

盘式蚊香的生产,供热剂是其最重要材料之一。常用的供热材料主要是木炭粉、竹炭粉、木粉和竹粉等。炭粉是微烟蚊香和无烟蚊香的主要供热材料。

炭粉是由植物原料(如:木屑、树根、竹屑、果壳等)在隔绝空气或通入少量氧气的条件下,受热分解,而制成的黑色、无臭、无味、不定型的固体,经粉碎加工而成的粉末。

炭粉在蚊香中有2大作用:

(1)起促燃作用。

(2)因在燃烧过程中无烟产生,用于无烟或微烟蚊香产生。

9.1.1 外观与感官

1.外观

(1)技术要求:黑色,无霉变,无结块,无正常视力可见的其他杂质。

(2)试验方法:目测。

2.感官

(1)技术要求:无刺激性异味。

(2)试验方法：用嗅觉判断。

9.1.2　容重

指每毫升蚊香用炭粉的质量(g)。

(1)技术要求：0.35~0.50 g/mL。

(2)试验方法：将炭粉倒入已知容积的、洁净且恒重前后不超过 0.02 g 体积为 100 mL 的容重杯中，用玻璃棒轻轻敲打容重杯中外壁 10 次，使炭粉夯实，然后用直尺沿杯口刮去多余炭粉，用毛刷刷去杯外壁的炭粉，称量(准确至 0.01 g)。

按式(9-1)计算炭粉的容重质量浓度(X)，以 g/mL 表示：

$$X = \frac{m_1 - m_2}{V} \tag{9-1}$$

式中：m_1——容重杯与杯中炭粉质量，单位为克(g)；

　　　m_2——容重杯质量，单位为克(g)；

　　　V——容重杯容积，单位为毫升(mL)；

9.1.3　细度

(1)技术要求：通过孔径 0.154 mm(100 目)标准筛的炭粉不低于 92.0%。

(2)测试方法：依据产品技术要求选取孔径 0.154 mm(100 目)标准筛和底部接受盘安放在振筛机上；称取干燥炭粉(称准至 0.01 g)，轻轻倒入顶部筛上，盖好筛盖，扣紧全套筛子。启动操作振筛机同时开动秒表，运转 10 min；从振筛机上取下筛组，使用毛刷将留在底部接受盘上的炭粉如数转到称量盘上，进行称量(称准至 0.01 g)。

(3)结果计算：

$$R = \frac{m_1}{m} \times 100\% \tag{9-2}$$

式中：R——通过孔径 0.154 mm(100 目)标准筛炭粉的百分数，%；

　　　m_1——底部接受盘上的炭粉的质量，g；

　　　m——称取干燥炭粉的质量，g。

9.1.4 燃烧时间

(1)定义：蚊香用炭粉在规定条件下燃烧的时间(min)。

(2)技术要求：40~65 min。

(3)测试条件：室温(25±3) ℃，相对湿度(65±15)%。

(4)测试方法：称取 10 g 炭粉，(准确至 0.1 g)，倒入长为 14 cm，底为 1.5 cm，高为 2.0 cm 的测试装置中，压紧，再反扣于石棉台面，点燃其一端并开始计时，记录点燃到熄灭的时间。

9.1.5 水分含量

(1)技术指标：应不高于 10.0%。

(2)测试方法：称取 10 g 左右炭粉(精确至 0.01 g)，放入温度为(105±5) ℃ 的烘箱中 1.5 h，取出放置在干燥器中，冷却至室温后立即称量至恒重(精确至 0.01 g)，称量前后 2 次差值不大于 5%。

(3)结果计算：

$$X = \frac{m_2 - m_3}{m_2} \times 100\% \tag{9-3}$$

式中：X——蚊香用炭粉的水分含量，%；

　　m_2——称取试样的质量，单位为克(g)；

　　m_3——干燥后试样质量，单位为克(g)。

9.1.6 灰分含量

(1)技术指标：应不高于 8.0%。

(2)技术原理：试样于(650±20) ℃下灰化数小时，用所得灰的质量与原试样质量的百分数表示灰分含量。

(3)仪器

①高温电炉，可调至(650±20) ℃。

②30 mL 瓷坩埚。

③分析天平，可称准至 0.1 mg。

④干燥器。

(4)操作步骤：将 30 mL 瓷坩埚置于高温电炉中，于(650±20) ℃下灼烧恒重(约 1 h)，将坩埚置于干燥器中，冷却 30 min，称量(精确至 0.1 mg)。

称取粉碎的干燥试样 1 g(精确至 1.0 mg)，置于 30 mL 已灼烧至恒重的瓷坩埚中。

将坩埚送入温度不超过 300 ℃的高温电炉中，打开坩埚盖，逐渐升高温度，在(650±20) ℃灰化至恒质量。

(5)结果计算：

$$X = \frac{m_2 - m_1}{m} \times 100\%$$ (9-4)

式中：X——灰分含量，%；

m_2——灰分和坩埚质量，g；

m_1——坩埚质量，g；

m——试样质量，g。

9.1.7 重金属含量

密度在 4.5 g/cm³ 以上的金属，称作重金属。原子周期表中天然金属元素有 60 种，其中 54 种的密度均大于 4.5 g/cm³。

(1)技术指标：重金属含量定性试验为阴性。

(2)技术原理：试样加盐酸溶液煮沸过滤，蒸干滤液。然后用乙酸溶液溶解，用比浊法确定溶解液中的重金属含量。

(3)试剂和溶液：

本检测方法中所用水应符合 GB/T 6682—2016 中三级水规格，所列试剂除特殊规定外，均指分析纯试剂。

①盐酸溶液(10%)。

②溴水。

③冰乙酸溶液(冰乙酸与水体积比为 1:16)。

④硫化钠[Na₂S·9H₂O]。

⑤硫化钠溶液：称取硫化钠 5 g(精确至 10 mg)，加水 10 mL、丙三醇(甘油)

30 mL 溶解混匀后装入棕色滴瓶。置于阴凉处,避光密闭保存(如出现浑浊应重新配制)。

⑥丙三醇。

⑦硝酸铅。

⑧铅标准液(1 mL 含 0.01 mg 铅):称取 0.160 g 硝酸铅,溶于少量水及 1 mL50%的硝酸溶液中,移入 1000 mL 容量瓶中,稀释至标线,摇匀。再用移液管自此溶液中吸取 100 mL 容量瓶,稀释至标线,摇匀,即为 0.01 mg/mL 铅标准液。

(4)操作步骤:称取经粉碎的干燥试样 1.00 g(精确至 10 mg),置于 100 mL 锥形瓶中,加入 10%的盐酸溶液 12 mL,溴水 5 mL,轻轻转动,使试样完全浸湿,加热缓和煮沸 5 min,稍冷,过滤于 100 mL 锥形烧瓶中,用热水分次洗涤滤渣,移入 50 mL 比色管中,加硫化钠溶液 1 滴,稀释至 50 mL,摇匀,放置 10 min 后,呈现混浊黑色。

(5)结果表述:混浊液之黑色不深于 3 mL 铅标准溶液,视为活性炭中重金属含量合格。

9.2 驱蚊产品中昆虫驱避剂的检测

近年来市场上出现了众多标称以植物精油为主要成分的驱蚊液、驱蚊乳、驱蚊环、驱蚊贴、驱蚊夹、驱蚊帐等驱蚊产品。很多产品都宣称只含有香茅、薰衣草、桉叶、柠檬等天然植物提取成分,不含任何化学成分,无毒无害。但是根据文献报道和近年来开展的风险监测结果,部分此类驱蚊产品并非如其宣传的那样不含任何化学成分,而是有可能含有避蚊胺、驱蚊酯等昆虫驱避剂。昆虫驱避剂是一类具有驱避昆虫作用的活性化学物质,其本身没有杀虫活性,而是依靠挥发出的气味驱避昆虫。昆虫驱避剂分为植物源和人工合成 2 大类,目前最为常见的人工合成昆虫驱避剂有避蚊胺(N,N-二乙基-间-甲苯甲酰胺,DEET)、驱蚊酯[3-(N-丁基-乙酰胺基)丙酸乙酯,BAAPE]等。

9.2.1 方法提要

试样以甲醇-丙酮混合溶液(体积比 1:1)作为提取溶液,用气相色谱仪测定驱蚊产品中的昆虫驱避剂，保留时间定性，内标法定量。对于阳性样品，使用气相色谱–质谱联用仪进行确认。

本方法中避蚊胺、驱蚊酯、羟哌酯、驱蚊醇、四氟苯菊酯、甲氧苄氟菊酯、高效氯氰菊酯的检出限均为 0.01%。

9.2.2　试剂和材料

(1)甲醇(分析纯)。

(2)丙酮(分析纯)。

(3)内标物：邻苯二甲酸二戊酯，不含干扰分析的杂质。

(4)标准样品：避蚊胺、驱蚊酯、羟哌酯、驱蚊醇、四氟苯菊酯、甲氧苄氟菊酯、高效氯氰菊酯，已知质量分数不低于 98.0%。

(5)甲醇–丙酮混合溶液(体积比 1:1)。

9.2.3　仪器和设备

(1)气相色谱仪，配有火焰离子化检测器(FID)。

(2)气相色谱–质谱联用仪，配 EI 源。

(3)超声波清洗机。

(4)分析天平，分度值为 0.1 mg。

(5)微量进样器，10 μL。

9.2.4　测定步骤

1.标准溶液的配制

准确称取避蚊胺、驱蚊酯、羟哌酯、驱蚊醇、四氟苯菊酯、甲氧苄氟菊酯、高效氯氰菊酯标准样品各 0.03~0.04 g(精确至 0.0001 g)，再称取邻苯二甲酸二戊酯 0.015~0.025 g(精确至 0.0001 g)，加入 10 mL 甲醇–丙酮混合溶液(体积比 1:1)，振荡摇匀，用气相色谱法分析。

2.样品前处理

1)固体驱蚊产品前处理

将固体驱蚊产品剪成约 1 mm 大小的碎粒，准确称取样品 1 g(精确至

177

0.0001 g)，再称取邻苯二甲酸二戊酯 0.015～0.025 g(精确至 0.0001 g)，加入 10 mL 甲醇-丙酮混合溶液(体积比 1∶1)(如不能淹没样品，可适当增加溶液体积)，超声提取 2 h，取上层清液进行气相色谱法分析。

2)液体驱蚊产品前处理

准确称取样品 1 g(精确至 0.0001 g)，再称取邻苯二甲酸二戊酯 0.015～0.025 g(精确至 0.0001 g)，加入 10 mL 甲醇-丙酮混合溶液(体积比 1∶1)，混匀，进行气相色谱法分析。

3.测定

1)气相色谱条件

(1)色谱柱：HP-5(30 m×0.32 mm×0.25 μm)；

(2)进样口温度：250 ℃；

(3)柱温：初始温度 50 ℃，以 10 ℃/min 的升温速率升至 200 ℃，再以 20 ℃/min 的升温速率升至 280 ℃(保持 10 min)；

(4)检测器温度：250 ℃；

(5)载气(高纯氮气)流速：1.5 mL/min；

(6)氢气流量：30 mL/min；

(7)空气流量：300 mL/min；

(8)分流比：20∶1；

(9)进样量：1 μL。

上述操作条件系典型操作参数，可根据不同仪器特点，对给定的操作条件做适当调整，以期获得最佳效果。

2)气相色谱定性和定量分析

根据各物质的保留时间进行定性分析。在相同的色谱操作下，试样溶液中某色谱峰的保留时间与标准溶液中标准样品色谱峰的保留时间，其相对差值应在 1.5% 以内。标准溶液色谱图见本章 9.2.7 条款中图 9-1。

根据各物质的峰面积进行定量分析，计算方法见本章中 9.5 结果计算。

3)阳性样品的气相色谱-质谱定性确认

由于驱蚊产品成分复杂，为了防止保留时间附近的其他杂质峰对昆虫驱避剂色谱峰的干扰，造成假阳性结果，对于阳性样品应使用气相色谱-质谱联用仪进行定性鉴别试验。定性鉴别试验色谱、质谱条件可参照以下参数：

（1）色谱柱：HP-5 ms(30 m×0.25 mm×0.25 μm)；

（2）进样口温度：250 ℃；

（3）柱温：初始温度 50 ℃，以 10 ℃/min 的升温速率升至 200 ℃，再以 20 ℃/min 的升温速率升至 280 ℃(保持 10 min)；

（4）载气(He)流速：1.5 mL/min；

（5）检测器温度：250 ℃；

（6）分流比：20:1；

（7）进样量：1 μL；

（8）接口温度：250 ℃；

（9）电离方式：EI 源；

（10）电离能量：70 eV；

（11）离子源温度：230 ℃；

（12）四级杆温度：150 ℃；

（13）扫描方式：全扫描模式(TIC)定性，质量扫描范围：m/z=50~500。

上述操作条件系典型操作参数，可根据不同仪器特点，对给定的操作条件做适当调整，以期获得最佳效果。按照以上操作条件，各昆虫驱避剂的保留时间和特征离子见表 9-1。

表 9-1 昆虫驱避剂的保留时间和特征离子

序号	名称	保留时间/min	选择离子(m/z)	丰度比
1	驱蚊醇	8.8	56, 73, 103	100:50:23
2	避蚊胺	13.4	119, 190, 91	100:70:60
3	驱蚊酯	13.6	130, 172, 84	100:74:61
4	羟哌酯	14.6	128, 84, 184	100:52:46
5	四氟苯菊酯	16.6	163, 91, 127,	100:34:22
6	甲氧苄氟菊酯	17.2	109, 176, 67	100:30:27
7	高效氯氰菊酯	22.4	163, 181, 91	100:75:36

通过对比样品溶液和标准溶液中目标分析物的保留时间和特征离子的相对丰度来进行定性分析。以下条件可用于判定样品中是否含相应的昆虫驱避剂：

(1)样品溶液中目标分析物的保留时间与标准溶液中目标分析物的保留时间的相对差值应在1.5%以内；

(2)特征离子在标准溶液中目标物的保留时间处出现；

(3)特征离子的相对丰度与标准溶液中目标物的相对丰度相一致(相对丰度大于50%，允许±10%的偏差；相对丰度在20%~50%之间，允许±15%的偏差；相对丰度在10%~20%之间，允许±20%的偏差；相对丰度小于或等于10%，允许±50%的偏差)。

9.2.5 结果计算

根据标准溶液中避蚊胺、驱蚊酯、羟哌酯、驱蚊醇、四氟苯菊酯、甲氧苄氟菊酯、高效氯氰菊酯的峰面积，按式(9-5)计算各物质的相对校正因子。

$$f_i = \frac{m_{i1} \times \rho_i}{m_{ISTD1}} \times \frac{A_{ISTD1}}{A_{i1}} \qquad (9-5)$$

式中：f_i——待测昆虫驱避剂的校正因子；

ρ_i——待测昆虫驱避剂标准样品的纯度(%)；

m_{ISTD1}——标准溶液中内标物的质量(g)；

m_{i1}——标准溶液中待测昆虫驱避剂标准样品的质量(g)；

A_{ISTD1}——标准溶液中内标物的峰面积；

A_{i1}——标准溶液中待测昆虫驱避剂的峰面积。

根据样品溶液中避蚊胺、驱蚊酯、羟哌酯、驱蚊醇、四氟苯菊酯、甲氧苄氟菊酯、高效氯氰菊酯的峰面积，按式(9-6)计算各物质的含量。

$$X_i = \frac{m_{ISTD2}}{m} \times \frac{A_{i2}}{A_{ISTD2}} \times f_i \times 100\% \qquad (9-6)$$

式中：X_i——待测昆虫驱避剂的含量(%)；

f_i——待测昆虫驱避剂的校正因子；

m_{ISTD2}——样品溶液中内标物的质量(g)；

m——样品质量(g)；

A_{ISTD2}——样品溶液中内标物的峰面积；

A_{i2}——样品溶液中待测昆虫驱避剂的峰面积。

9.2.6　允许差

重复性：同一操作者平行 2 次测试结果的相对偏差应不大于 10%。

再现性：不同实验室间测试结果的相对偏差应不大于 20%。

9.2.7　标准样品的中、英文名称和色谱图

表 9-2　标准样品的中文名称、英文名称、CAS 登记号及分子式

序号	中文名称	英文名称	CAS 登记号	化学分子式
1	避蚊胺	(1, 3, 4, 5, 6, 7-hexahydro-1, 3-dioxo-2 h-isoindol-2-yl) methyl 2, 2-dimethyl - 3 - (2 - methyl - 1 - propenyl) cyclopropanecarboxylate	134-62-3	$C_{12}H_{17}NO$
2	驱蚊酯	ethyl butylacetylaminopropionate	52304-36-6	$C_{11}H_{21}NO_3$
3	羟哌酯	sec-butyl 2-(2-hydroxyethyl) piperidine-1-carboxylate	119515-38-7	$C_{12}H_{23}NO_3$
4	驱蚊醇	2-ethyl-1, 3-hexanediol	94-96-2	$C_8H_{18}O_2$
5	四氟苯菊酯	transfluthrin	118712-89-3	$C_{15}H_{12}Cl_2F_4O_2$
6	甲氧苄氟菊酯	[2, 3, 5, 6 - tetrafluoro - 4 - (methoxymethyl) phenyl] methyl 2, 2-dimethyl-3-prop-1-enyl-cyclopropane-1-carboxylate	240494-70-6	$C_{18}H_{20}F_4O_3$
7	高效氯氰菊酯	beta-cypermethrin	65731-84-2	$C_{22}H_{19}Cl_2NO_3$
8	邻苯二甲酸二戊酯（内标）	di-N-pentyl phthalate	131-18-0	$C_{18}H_{26}O_4$

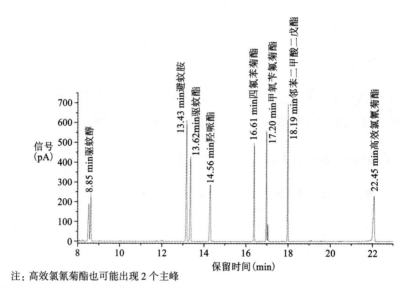

注：高效氯氰菊酯也可能出现 2 个主峰

图 9-1　标准溶液气相色谱图

第 10 章　检验室的建设与管理

10.1　检验室的分类及要求

10.1.1　检验室分类及职责

检验室定义为"对给定的产品、材料、设备、生物体、物理现象、工艺过程或服务，按规定的程序实施技术操作，以确定一种或多种特性或性能的实验室。"在分析化学中，化学分析检测实验室通常称为检验室，它在科研机构、企事业单位和大专院校有着不同的功能。

10.1.2　检验室设计要求

建立现代化的各类企事业单位的检验室，首先要根据各类企事业单位的整体规划、产品工艺和检验室建设项目的性质、目的、任务、依据和规模，做好建筑设计、实验室布局和检验室功能配置。

(1)实验室建筑由实验用房、辅助用房、公用设施用房等组成，具体要求依据 JGJ 91《科学实验室建筑设计规范》中相关规定。

(2)实验用房分为 2 类：①精密仪器实验室，包括气相色谱室、液相色谱室、原子吸收室、光学仪器分析室等及其配套的样品预处理室(化学处理室)；②化学分析实验室，包括化学分析室、标准溶液室、分析天平室、高温仪器室、纯水处理室、物性分析室等。

（3）辅助用房包括化学药品室、易耗品仓库、气体钢瓶室、污水处理室、环境检测室、分析样品留样室、员工休息室、男女更衣间以及管理人员办公室等。

（4）公用设施用房。包括采暖、通风、空调、制冷、给水、排水、纯净水、煤气、特殊气体、压缩空气、真空、照明、供配电、电信等设施的用房。

1. 检验室设计总体要求

（1）检验室位置要方便取样。检验室的建筑结构通常应为钢筋混凝土框架结构，整个检验室要有多个出口和宽敞通道。检验室要三防：防震、防磁、防热，尽量远离震源、磁源、热源。

（2）检验室整体布局上应为南北方向，一般平面布置采用中间走廊的布局，合理优化布置应满足以下几点要求：

①同类型分析室布置在一起；

②管路较多的分析室尽量布置在一起；

③洁净级别不同的分析室根据分析流程组合在一起；

④有特殊要求的分析室组合在一起（如无菌、预处理等）；

⑤有毒分析室布置在一起并布置在实验楼合适的位置。

适宜放在建筑物北侧的实验室有以下几类：

①有温湿度要求的实验室；

②需避免日光直射的实验室；

③器皿药品贮存间、空调机房、配电间、精密仪器存放间。

（3）实验用房的平面设计，要求保持实验室的通风流畅、逃生通道畅通。可根据国际人体工程学的标准来设计（见图10-1）。

①实验用房、走道的地面及楼梯面层，应坚实耐磨、防水防滑、不起尘、不积尘；墙面应光洁、无眩光、防潮、不起尘、不积尘；顶棚应光洁、无眩光、不起尘、不积尘。

②使用强酸、强碱的实验室地面应具有耐酸、碱腐蚀的性能；用水的实验室地面应设地漏。

③由一个以上标准单元组成的通用实验室的安全出口不宜少于两个。易发生火灾、爆炸、化学品伤害等事故的实验室的门宜向疏散方向开启。在有爆炸危险的房间内应设置外开门。

④实验室要求适宜的温度和湿度。通用实验室的冬季采暖室内计算温度应为 18~20 ℃。通用实验室的夏季空气调节室内计算参数为：温度 26~28 ℃，相对湿度小于 65%。

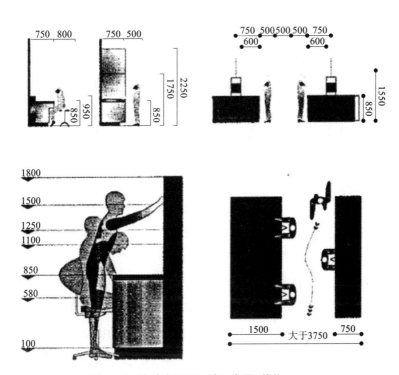

图 10-1　实验室平面设计示意图（单位：mm）

实验室应有安全和应急装置，如洗眼器、沐浴器、灭火器、保护手套、防护衣服等。安全站的最佳位置是在实验室的主入口上。

2.精密仪器室设计要求

精密仪器室要求具有防火、防震、防电磁干扰、防噪声、防潮、防腐蚀、防尘、防有害气体侵入的功能，室温尽可能保持恒定。需要恒温的仪器室可装双层门窗及空调装置。

仪器室可用水磨石地或防静电地板，不推荐使用地毯，因地毯易积聚灰尘，还会产生静电。

大型精密仪器室的供电电压应稳定，一般允许电压波动范围为±10%。必要时要配备附属设备(如稳压电源等)。为保证供电不间断,可采用双电源供电。应设计有专用地线,接地极电阻小于 4 Ω。

气相色谱室及原子吸收分析室因要用到高压钢瓶,最好设在就近室外能建钢瓶室(方向朝北)的位置。放仪器用的实验台与墙距离 40 cm,以便于操作与维修。室内要有良好的通风。原子吸收仪器上方设局部排气罩。

微型计算机和微机控制的精密仪器对供电电压和频率有一定要求。为防止电压瞬变、瞬时停电、电压不足等情况影响仪器工作,可根据需要选用不间断电源(UPS)。

在设计专用的仪器分析室的同时,就近配套设计相应的化学处理室。这在保护仪器和加强管理上是非常必要的。

3. 化学分析室设计要求

在化学分析室中进行样品的化学处理和分析测定工作中,常使用一些小型的电器设备及各种化学试剂,如操作不慎也具有一定的危险性。针对这些使用特点,在化学分析室设计上应注意以下要求:

(1)建筑要求。检验室的建筑应耐火或用不易燃烧的材料建成,隔断和顶棚也要考虑防火性能。可采用水磨石地面,窗户要能防尘,室内采光要好。门应向外开,大实验室应设 2 个出口,以利于发生意外时人员的撤离。

(2)供水和排水。要保证必需的水压、水质和水量,应满足仪器设备正常运行的需要。室内总阀门应设在易操作的显著位置。下水道应采用耐酸碱腐蚀的材料,地面应有地漏。

(3)通风设施。由于检验工作中常常产生有毒或易燃的气体,因此检验室要有良好的通风条件,通风设施应具备以下 5 个条件。

①全室通风采用排气扇或通风竖井,换气次数一般为 5 次/时。

②局部排气罩一般安装在大型仪器产生有害气体部位的上方。在教学实验室中产生有害气体的上方,应设置局部排气罩以减少室内空气的污染。

③通风柜是实验室常用的一种局部排风设备。内有加热源、气源、水源、照明等装置。可采用防火防爆的金属材料制作通风柜,内涂防腐涂料,通风管道要能耐酸碱气体腐蚀。风机可安装在顶层机房内,并应有减少震动和噪声的装置,排气管应高于屋顶 2 m 以上。一台排风机连接一个通风柜较好,不同房间共用一

个风机和通风管道易发生交叉污染。通风柜在室内的正确位置是放在空气流动较小的地方，不要靠近门窗，见图 10-2，一种效果较好的狭缝式通风柜，如图 10-3 所示。通风柜台面高度 850 mm，宽 800 mm，柜内净高 1200~1500 mm，操作口高度 800 mm，柜长 1200~1800 mm。狭缝处风速 5 m/s 以上，挡板后风道宽度等于缝宽 2 倍以上。

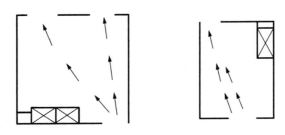

图 10-2　通风柜在室内的正确位置

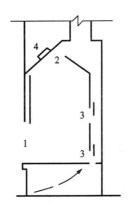

图 10-3　狭缝式通风柜示意图

1—操作口；2—排风口；3—排风狭缝；4—照明灯

　　④煤气与供电　有条件的检验室可安装管道煤气。检验室的电源分照明用电和设备用电。照明最好采用荧光灯。设备用电中，24 h 运行的电器（如冰箱）单独供电，其余电器设备均由总开关控制，烘箱、高温炉等电热设备应有专用插座、开关及熔断器。在室内及走廊上安置应急灯，备夜间突然停电时使用。

⑤实验台主要由台面、台下的支架和器皿柜组成。为方便操作，台上可设置药品架，台的两端可安装水槽。

实验台一般宽 750 mm，长根据房间尺寸可为 1600~3200 mm，高可为 800~900 mm。材质为全钢或钢木结构。台面应平整、不易碎裂、耐酸碱及溶剂腐蚀、耐热，不易碰碎玻璃仪器等。加热设备可置于砖砌底座的水泥台面上，高度为 500~700 mm。

4. 辅助用室设计要求

(1)药品储藏室。由于药品储藏室中很多化学试剂属于易燃、易爆、有毒或腐蚀性物品，故不要购置过多。储藏室仅用于存放少量近期要用的化学药品，且要符合危险品存放安全要求。要具有防明火、防潮湿、防高温、防日光直射、防雷电的功能。药品储藏室房间应朝北、干燥、通风良好，顶棚应遮阳隔热，门窗应坚固，窗应为高窗，门窗应设遮阳板，门应朝外开。易燃液体储藏室室温一般不许超过 28 ℃，爆炸品储藏室不许超过 30 ℃。少量危险品可用铁板柜或水泥柜分类隔离储存。室内设排气降温风扇，采用防爆型照明灯具。备有消防器材。亦可以采用符合上述条件的半地下室为药品储藏室。

(2)气体钢瓶室。易燃或助燃气体钢瓶要求安放在室外的钢瓶室内。钢瓶室要求远离热源、火源及可燃物仓库。钢瓶室要用非燃或难燃材料构造，墙壁用防爆墙，轻质顶盖，门朝外开。要避免阳光照射，并有良好的通风条件。钢瓶距明火热源 10 m 以上，室内设有直立稳固的铁架，以用于放置钢瓶。

10.1.3 检验室的工作要求

1. 对于检测工作公正性的措施

(1)声明对所有检测提供相同质量的服务。

(2)检测结果不受行政的、经济的和其他方面利益的干预；为用户保守技术秘密。

2. 产品质量检验机构的质量方针和质量目标

(1)在检测过程中贯彻质量第一的方针。

(2)当质量与数量发生矛盾时，坚持质量第一。

(3)考核人员工作成绩时，首先考核检验质量。

3.保证检测质量的要求

产品质量检验机构在检测过程中，为保证检测质量和检测数据的准确性和可靠性而制定规定。

(1)检测工作至少应 2 人参加。

(2)检测人员应经培训考核合格，持有检验员证。

(3)操作大型、贵重、精密设备的人员应有操作证。

(4)规定检测贵重设备按产品技术标准规定的方法或检测实施细则进行。

(5)数据传输应采用复诵法(实验记录中的一种做法，即数据报告人员报告数据后，记录人员重复一次核对无误后，方可记录的一种做法，主要是为了防止记录错误的现象发生而采用的一种措施)，以防止数据在传递过程中发生差错。

(6)关于数据的校核和复测方面应按相应的质量控制程序的规定执行。

4.检测记录的要求

产品质量检验机构对原始记录的要求。

(1)原始记录格式要规范化。

(2)原始记录是检测结果的纪实，不容许随意更改，不许删减。

(3)原始记录不能用铅笔书写，所有项目都应填写完整，应有检测人和校核人签名。

(4)校核人应真正起到校核的作用。

(5)更改原始记录应有统一的规定。

(6)原始记录应集中保管，确定一个保管单位，保管期一般不得少于 6 年。

10.2　仪器、试剂及危险品的管理

10.2.1　仪器的管理

(1)仪器的调入、分配，应有验收手续，发现短缺或质量有缺陷应及时处理。

(2)各种仪器要有专人管理，负责日常维护保养工作，定期检查其技术性能。未经管理员同意，其他人员不准使用、移动、调换、拆卸及借出仪器。

(3)各种仪器应分别登记造册、建卡立档。仪器档案应包括仪器说明书，验收和调试记录，仪器的各种初始参数，定期保养、维修、检定、校准以及使用情况的登记记录等。

(4)精密仪器的安装、调试、使用和保养维修均应严格遵照仪器说明书的要求。所有仪器使用者均应爱护仪器设备，轻拿轻放，切忌野蛮操作。

(5)使用仪器前应先检查仪器是否正常。仪器设备运行期间，不得擅自离岗，发现异常及故障及时关机，做好有关记录并立即报告实验室负责人，不得隐瞒不报，私自修理。

(6)仪器用完，应将各部件恢复到所要求的位置，及时做好清理工作，填好使用记录，会同管理员检查仪器设备是否完好，由管理员签字认可后，盖好防尘罩。

(7)仪器只准用于科室日常工作及突发事件处理，原则上不外借。凡需借用仪器者，一律填写仪器出借登记表，经科室领导签字同意后方可出借，用后立即归还，不得长期占用。出借仪器归还时，管理员应检查仪器是否正常，如有损坏、遗失，要按价赔偿。

(8)仪器设备由于人为原因(如不按使用条件及操作规程使用等)造成关键部件的损坏，为责任事故。事故发生后，当事者应及时报科室负责人，说明情况和原因。

(9)需要报废的仪器设备，由管理员提出申请，说明原因，报科室领导批准后，报所领导审批，并登记造册，办理相应的报废手续。仪器设备报废后，其原有档案资料永久保存。

(10)仪器室应有安全设施，并定期检查，切实做好防火、防盗等安全工作。如有遗失或其他事故，应及时查清原因，并报告科室领导。

(11)仪器管理员因工作调动或因故长期离职，必须办理移交手续。交接完毕，移交双方及科室领导签字。

10.2.2 试剂的管理

1.试剂的管理目的

试剂的管理目的是为了建立检验室化学试剂的购买、接收、储存、发放、使用、销毁管理规程，使检验员能正确地使用试剂，保证检验工作质量。

2. 化学试剂的购买

由检验室技术员根据库存量及化学试剂检验需要量提出购买计划，经检验室负责人审核批准，交供应科采购员购买。供应科采购员到经公司审核批准的供应商或生产商处，依据采购计划要求进行采购。

3. 化学试剂的入库

(1)购买后由采购员直接交给化学试剂管理员并办理入库手续。

(2)化学试剂管理员先检查包装的完好性，确认封口是否严密、试剂有无泄漏、标签是否粘贴牢固无破损、内容是否清晰、贮存条件是否明确等。瓶签已部分脱胶的，应及时用胶水粘贴。无标签的试剂不得入库。严格按采购计划单内容，逐一核对。

4. 化学试剂的领用

(1)检验员根据检验需要量提出领用要求。

(2)化学试剂管理员根据检验员的要求发放化学试剂，并填写化学试剂领用记录。

5. 化学试剂贮存

(1)原装化学试剂的贮存环境应满足以下要求：

①化学试剂应单独贮藏于专用试剂库内，专人保管。该贮存室应阴凉、避光，防止由于阳光照射及室温偏高造成试剂变质、失效。

②化学试剂贮藏在专用房间。室内严禁明火，消防灭火设施器材完备，以防事故发生造成伤害和损失。

③盛放化学试剂的贮存柜需用防尘、耐腐蚀、避光的材料制成。

④危险品应贮藏于专用仓库保险柜内，保险柜钥匙由指定人员保管。

⑤化学试剂贮库室温应保持以 5~30 ℃，相对湿度以 45%~75% 为宜。

⑥化学试剂贮库应有良好的通风设备。

⑦化学性质或防护、灭火方法相互抵触的化学危险品，不得在同一柜或同一储存室内存放。

⑧化学试剂贮库中存放的试剂数量要适量，不要过多。

(2)检验室内化学试剂的贮存环境应满足以下要求：

①检验室操作区内的橱柜中及操作台上，每个品种试剂只允许存放 1~2 瓶

化学试剂，不允许超量存放。

②配制好的化学试剂应存放于试剂架上。性质不稳定的配制试剂应根据不同的性质存放，如放在阴暗处、冰箱内等。使用化学试剂的过程中应特别注意其外观的变化。

③配制化学试剂一般贮存 1~2 个月为宜，过期不得使用，须重新配制。在使用过程中发现有沉淀的，亦不得使用。

④注意室内通风和避免阳光直射。

⑤注意室内温湿度变化，需要冷藏保存的化学试剂应放在冷藏箱内保存。

⑥易潮解、易失水风化、易挥发、易吸收二氧化碳、易氧化、易吸水变质的化学试剂，需密闭保存或蜡封保存，应存放在试剂柜下部柜中，平时应关门上锁。

⑦易爆炸品、易燃品、腐蚀品应单独存放，平时应关门上锁，剧毒品用后归还专用库(柜)。某些高活性试剂应低温干燥贮放。

(3)保持室内清洁，通风和温湿度应符合规定。

(4)每日检查一次消防灭火器材的完好状况，保证随时可以使用。

(5)各种试剂均应包装完好、封口严密、标签完整、内容清晰、贮存条件明确。瓶外均贴有状态标记，根据此标记存放到规定室(柜)内(表 10-1)。

表 10-1　试剂状态标记

色标含义	标记符号
红色：剧毒品	W：怕水
蓝色：危险品	H：怕热
黄色：氧化剂	L：怕光
白色：腐蚀剂	

(6)化学试剂保管员必须每天检查一次温、湿度表，并记录。记录内容包括检查时间、检查人、温度、湿度、结果、备注。超出规定范围应及时调整。

6. 化学试剂的配制

(1)试剂配制应按批准的各类标准操作规程进行配制，并填写相应配制记录。

（2）缓冲液配制记录内容：名称、pH、配制日期、配制者、使用截止日期等。

（3）试液与指示液配制记录：名称、变色范围、配制日期、配制数量、配制者、使用截止日期等。

（4）配制人员在配制前首先检查所领试剂、试药瓶签是否完好。试剂外观符合要求，在规定使用期内，方可进行配制。

（5）试剂恒重：固体化学试药在贮存中易吸潮而增加重量，故配制时需恒重，应按要求对试剂干燥后再称量配制。

（6）称量是决定所配制试剂准确性的关键步骤，必须准确无误。

（7）所用计量器具，必须干燥、洁净，并经过计量校正。

（8）严格按配制方法进行操作，检验操作符合规定要求。

（9）按一定使用周期配制试剂，不要多配。特别是危险品、剧毒品应随用随配，多余试药退库，以防时间长而变质或造成事故，配制后存放时间根据不同试剂性质分别制定。

（10）配好后的试剂放在具塞、洁净的适宜试剂瓶中，见光易分解的试剂要装于棕色瓶中（放置于有避光措施的柜中），挥发性试剂其瓶塞要严密，见空气易变质试剂应密封，贴好瓶签，注明名称、浓度、配制日期、使用期限、配制者。

（11）用过的容器、工具按各自的清洁规程清洗，必要时消毒、干燥、贮存备用。

7. 试剂的使用

（1）不了解试剂性质者不得使用。

（2）使用前首先辨明试剂名称、浓度、纯度，是否过使用期，无瓶签或瓶签字迹不清、超过使用期限的试剂不得使用。

（3）观察试剂性状、颜色、透明度、有无沉淀或长菌等。变质试剂不得使用。

（4）用多少取多少，用剩的试剂不得再倒回原试剂瓶中。

（5）使用时要注意保护瓶签，避免试剂洒在瓶签上。

（6）防止污染试剂的几点注意事项：

①吸管：不要插错吸管，勿接触别的试剂，勿触及样品或试液。

②瓶塞：塞心勿与他物接触，勿张冠李戴。

③瓶口：不要开得太久，以免灰尘及脏物落入。

（7）低沸点试剂用毕应盖好内塞及外盖，放置冰箱贮存。

（8）贮于冰箱的试剂用毕立即放回，防止因温度升高而使试剂变质。

（9）检验室试剂应按类别定置依次码放整齐，用后归还原处，不要乱放，防止因紊乱而造成不应有的差错。

10.2.3　危险品管理

危险物品是对具有杀伤、燃烧、爆炸、腐蚀、毒害以及放射性等物理、化学特性，容易造成财物损毁、人员伤亡等社会危害的物品的通称。

1. 危险物品的分类危险品的分类

1）爆炸品

这类物质具有猛烈的爆炸性。当受到高热摩擦、撞击、震动等外来因素的作用或其他性质相抵触的物质接触，就会发生剧烈的化学反应，产生大量的气体和高热，引起爆炸。爆炸性物质如贮存量大，爆炸时威力更大。这类物质有三硝基甲苯（TNT）、苦味酸、硝酸铵、叠氮化物、雷酸盐、乙炔银及分子结构中超过3个硝基的有机化合物。

2）氧化剂

氧化剂具有强烈的氧化性，按其不同的性质，如遇酸、碱、受潮、强热或与易燃物、有机物、还原剂等性质有抵触的物质混存能发生分解，引起燃烧和爆炸，对这类物质可以分为：①一级无机氧化剂，性质不稳定，容易引起燃烧爆炸。如碱金属和碱土金属的氯酸盐、硝酸盐、过氧化物、高氯酸及其盐、高锰酸盐等；②一级有机氧化剂，既具有强烈的氧化性，又具有易燃性，如过氧化二苯甲酰；③二级无机氧化剂，性质较一级氧化剂稳定，如重铬酸盐、亚硝酸盐等；④二级有机氧化剂，如过氧乙酸。

3）压缩气体和液化气体

气体压缩后贮于耐压钢瓶内，具有一定危险性。钢瓶如果在太阳下曝晒或受热，当瓶内压力升高至大于容器耐压限度时，即能引起爆炸。钢瓶内气体按性质分为4类：剧毒气体，如液氯、液氨等；易燃气体，如乙炔、氢气等；助燃气体，如氧等；不燃气体，如氮、氩、氦等。

4)自燃物品

此类物质暴露在空气中,依靠自身的分解、氧化产生热量,使其温度升高到自燃点即能发生燃烧,如白磷等。

5)遇水燃烧物品

此类物质遇水或在潮湿空气中能迅速分解,产生高热,并放出易燃易爆气体,引起燃烧爆炸,如金属钾、钠、电石等。

6)易燃液体

这类液体极易挥发成气体,遇明火即燃烧。可燃液体以闪点作为评定液体火灾危险性的主要根据,闪点越低,危险性越大。闪点在 45 ℃以下的称为易燃液体,45 ℃以上的称为可燃液体(可燃液体不纳入危险品管理)。易燃液体根据其危险程度分为 2 级:一级是易燃液体闪点在 28 ℃以下(包括 28 ℃),如乙醚、石油醚、汽油、甲醇、乙醇、苯、甲苯、乙酸乙酯、丙酮、二硫化碳、硝基苯等;二级是易燃液体闪点为 29~45 ℃(包括 45 ℃),如煤油等。

7)易燃固体

此类物品着火点低,如受热、遇火星、受撞击、摩擦或与氧化剂作用等能引起急剧的燃烧或爆炸,同时放出大量毒害气体,如赤磷、硫黄、萘、硝化纤维素等。

8)毒害品

这类物品具有强烈的毒害性,少量进入人体或接触皮肤即能造成中毒甚至死亡。毒害品分为剧毒品和有毒品。凡生物实验半数致死量(LD50)在 50 mg/kg 以下者均称为剧毒品。如氰化物、三氧化二砷(砒霜)、二氧化汞、硫酸二甲酯等。有毒品如氟化钠、一氧化铅、四氯化碳、三氯甲烷等。

9)腐蚀物品

这类物品具有强腐蚀性,与其他物质如木材、铁等接触使其因受腐蚀作用引起破坏,与人体接触引起化学烧伤。有的腐蚀物品有双重性和多重性。如苯酚既有腐蚀性,又有毒性和燃烧性。腐蚀物品有硫酸、盐酸、硝酸、氢氟酸、冰乙酸、甲酸、氢氧化钠、氢氧化钾、氨水、甲醛、液溴等。

10)放射性物品

此类物品具有放射性。人体受到过量照射或吸入放射性粉尘能引起放射病,如硝酸钍及放射性矿物独居石等。

2. 危险品的安全贮存要求

(1)危险品贮藏室应干燥、朝北、通风良好。门窗应坚固,门应朝外开,并应设在四周不靠建筑物的地方。易燃液体贮藏室温度一般不许超过 28 ℃,爆炸品贮温不许超过 30 ℃。

(2)危险品应分类隔离贮存,量较大的应隔开房间,量小的也应设立铁板柜和水泥柜以分开贮存。对腐蚀性物品应选用耐腐蚀性材料作架子。对爆炸性物品可将瓶子存于铺干燥黄沙的柜中。相互接触能引起燃烧爆炸及灭火方法不同的危险品应分开存放,绝不能混存。

(3)照明设备应采用隔离、封闭、防爆型。室内严禁烟火。

(4)经常检查危险品贮藏情况,及时消除事故隐患。

(5)库房中应准备好消防器材,管理人员必须具备防火灭火知识。

3. 危险品管理制度

(1)仓管员要严格遵守国家《危险化学品安全管理条例》和国家放射性物品保护条例,积极做好危险品安全管理工作。

(2)危险品要统一归口管理,安全主任是危险品安全管理的直接责任人。

(3)从事危险品运输、保管的人员,应具备相关知识,定期参加有关部门组织的学习,并持有有关部门核发的相应证件。

(4)从事危险品领用、使用的人员,应为具有相关知识的专业人员。

(5)危险品的购买、搬运、运输,应严格按有关安全规定进行,并办齐各种手续。

(6)危险品贮藏时,应按不同特性分类保管,采取必要的安全措施,并定期进行安全检查。

(7)剧毒品购买和搬运时,应有一名保卫人员全过程参与。剧毒品到库后,应立即放入专用保险箱,做好记录,并由押运人、安全办派人员和保管员分别在记录上签字。其他任何场所不得存放剧毒品,存放剧毒品的专用保险箱,应由保管员和安全办派员分别加锁,保证双方同时在场时方可打开保险箱。

(8)严格发放制度和出入库手续。剧毒品领用时,应由相应部门领导审签、批准后,由使用单位同时派两人到仓库领取,领取时要准确计量,领取后应立即投入使用,如因特殊原因不能马上使用或使用后有剩余时,应立即将未使用或剩余部分送还仓库，仓库收、发危险品时，都应做好记录，并由全部在场人员签字。

（9）危险品在领用和使用过程中，应采取必要的安全措施。使用过程中，必须至少有 2 名掌握相关知识的专业人员同时在场，全过程参与。

（10）危险品使用中生成的废气、废水、废渣等废弃物品不得随意丢弃或直接排放，应交由管理人员进行回收处理。

（11）危险品库房要建立和完善管理、使用制度，指定安全条例和岗位责任制度。切实做好危险品库房的防火、防爆、防事故等有关安全措施。发生失盗、短缺及其他意外情况，要立即上报。

（12）对所保管和使用的危险品严禁随意转送和非法交易，一经发现，将严肃处理。

（13）出入库登记制度。无论何人进出库区都须详细登记。

（14）禁止吸烟制度。进库人员必须交出火种。机动车入库，排气管必须带上火星熄灭器。

（15）安全操作制度。搬运装卸及堆装易爆物品必须轻装、轻卸、轻拿轻放，严禁撞击，开箱应使用不会产生火花的工具，并应在专门的发放时间内进行。

（16）仓库保管人员的"一日三查"：①易燃易爆化学危险品仓库的保管人员"一日三查"，即上班后、当班中、下班前检查；②查垛码是否牢固，查包装是否渗漏，查电源是否安全，查库内温度，在雨雪天时查是否有雨雪进入库房等。

（17）危险品仓库严禁闲人进入，保管人员离开必须锁好门。

（18）消防器材设备严禁圈占、埋压、挪用。

10.3　检验室的安全

10.3.1　检验室的一般安全要求

（1）工作人员在工作时间内必须穿戴洁净的工作服装。

（2）所有药品、标样、溶液都应有标签，绝对不要在容器内装入与标签不相符的物品。

（3）禁止使用检验室的器皿盛装食物，也不要用茶杯食具等装药品，更不要用烧杯当茶具使用。

（4）有毒、腐蚀、易燃、易爆的物品应妥善保管，不准在检验室内大量存放。贮存和使用应遵守《化学危险物品安全管理条例》。

（5）稀释浓硫酸时，必须在硬质耐热烧杯或锥形瓶中进行，只能将浓硫酸慢慢注入水中，边倒边搅拌，温度过高时应等冷却降温后再继续进行，严禁将水倒入硫酸中。

（6）开启易挥发液体试剂之前，先将试剂瓶放在自来水流中冷却几分钟，开启时，瓶口不要对人，最好在通风橱中进行。

（7）易燃溶剂加热时，必须在水浴或沙浴中进行。

（8）装过强腐蚀性、可燃性、有毒或易燃物品的器皿应由使用者亲手洗净。

（9）移动、开启大瓶液体药品时，不能将瓶直接放在水泥地板上，最好用橡皮布或草垫好，若用石膏包封的可以用水泡软后打开，严禁捶击、敲打以防破裂。

（10）取下正在沸腾的溶液时，应用瓶夹摇动后取下以免溅出伤人。

（11）玻璃棒、玻璃管、温度计等插入或拔出胶管时，均应垫有棉布且不可强行插入或拔出，以免折断刺伤人。

（12）开启高压气瓶时，应缓慢，并不得将瓶口对人。

（13）配制药品或试验中能放出 HCN、NO_2、H_2S、SO_2、NH_3 及其他有毒和腐蚀性气体时，应在通风橱中进行。

（14）用电应遵守安全用电规程。

（15）检验室内应备有急救药品，消防器材和劳保用品。

（16）下班前，应检查水、电、窗、门等，确保安全。

（17）检验室内应保持空气流通，环境清洁、安静。

（18）有毒气体应在通风橱中进行。

10.3.2　检验室安全常识

保护检验人员的安全和健康,保障设备财产的完好,防止环境的污染,保证工作有效地进行是检验室安全管理工作的重要内容。根据检验室工作的特点,检验室的安全包括防火、防爆、防毒、保证压力容器和气瓶的安全、电气的安全和防止环境的污染等方面。这里重点介绍检验室的防火常识、防爆常识以及灭火常识。

1. 防火常识

(1)检验室内应备有灭火器材、急救箱和个人器材。检验室工作人员应熟知这些器材的位置及使用方法。

(2)禁止用火焰检查可燃气体(如煤气、氢气、乙炔)泄漏的地方。应该用肥皂水来检查其管道、阀门是否漏气。禁止把地线接在煤气管道上。

(3)操作、倾倒易燃液体时,应远离火源。加热易燃液体必须在水浴上或密封电热板上进行,禁止用火焰或电炉直接加热。

(4)使用酒精灯时,酒精切勿装满,应不超过其容量的 2/3。灯内酒精不足1/4 时,应灭火后添加酒精。燃着的酒精灯焰应用灯帽盖灭,不可用嘴吹灭,以防引起灯内酒精燃烧。

(5)蒸馏可燃气体时,操作人不能离开去做别的事,要注意仪器和冷凝器的正常运行。需往蒸馏器补充液体时,应先停止加热,放冷后再进行。

(6)易燃液体的废液应设置专门容器收集,不得倒入下水道,以免引起爆炸事故。

(7)不能在木制可燃台面上使用较大功率的电器,如电炉、电热板等,也不能长时间使用煤气灯与酒精灯。

(8)同时使用多台较大功率的电器(如马弗炉、烘箱、电炉、电热板)时,要注意线路与电闸能承受的功率。最好是将较大功率的电热设备分流安装于不同电路上。

(9)可燃气体的高压气瓶,应安装在实验楼外专门建造的气瓶室。身上、手上、台面、地上有易燃液体时,不得靠近火源,同时应立即清理干净。

(10)检验室对易燃易爆物品应限量、分类、低温存放,远离火源。加热含有高氯酸或高氯酸盐的溶液时，应防止蒸干和引进有机物，以免产生爆炸。

(11)易发生爆炸的操作不得对着人进行，必要时操作人员戴保护面罩或用防护挡板。

(12)进行易燃易爆实验时，应有两人以上在场，万一出了事故可以相互照应。

2.防爆常识

有些化学品在外界的作用下(如受热、受压、撞击等)，能发生剧烈的化学反应，瞬时产生大量气体和热量，使周围压力急骤上升，发生爆炸。爆炸往往会造成重大的危害，因此在使用易爆炸物品(如苦味酸等)时，要十分小心。有些化学药品单独存放或使用时，比较稳定，但若与其他药品混合时，就会变成易爆品，十分危险。表10-2列举了常见的相互作用后易燃易爆的化学药品。

表10-2　常见的相互作用后易燃易爆的化学药品

药品名称	互相作用的物质	产生结果	主要物质	互相作用的物质	产生结果
浓硝酸、硫酸	松节油、乙醇	燃烧	硝酸盐	酯类、乙酸钠、氯化亚锡	爆炸
过氧化氢	乙酸、甲醇、丙酮	燃烧	过氧化物	镁、锌、铝	爆炸
溴	磷、锌粉、镁粉	燃烧	钾、钠	水、二氧化铅	燃烧
高氯酸钾	乙醇、有机物	爆炸	赤磷	氯酸盐	爆炸
氯酸盐	硫、磷、铝、镁	爆炸	黄磷	空气、氧化剂、强酸	爆炸
高锰酸钾	硫酸、甘油、有机物	爆炸	乙炔	银、铜、汞(Ⅱ)化合物	爆炸
硝酸铵	锌粉和少量水	爆炸			

乙醚、异丙醚、四氢呋喃及其他醚类吸收空气中氧形成不稳定的过氧化物，受热、震动或摩擦时会发生极猛烈的爆炸。

氨-银络合物长期静置或加热时产生氮化银，这种化合物即使在湿润状态也会发生爆炸。

有些气体本身易燃，属易燃品，若再与空气或氧气混合，遇明火就会爆炸，变得更加危险,存放与使用时要格外小心。表 10-3 中列举了部分易燃气体在空气中的爆炸浓度。爆炸浓度是当可燃性气体、可燃液体的蒸气与空气混合达到一定浓度时,遇到火源就会发生爆炸,通常用可燃气体、蒸汽在空气中的体积百分比(%)来表示。可燃气体、蒸汽与空气的混合物并不是在任何混合比例下都有可能发生爆炸,而只是在一定浓度范围内才有爆炸的危险。如果可燃气体、蒸汽在空气中的浓度低于爆炸下限,遇到明火既不会爆炸,也不会燃烧;高于爆炸上限,遇到明火虽不会爆炸,但能燃烧。

表 10-3　部分易燃气体在空气中的爆炸浓度

序号	物质名称	爆炸浓度(V/%)		序号	物质名称	爆炸浓度(V/%)		序号	物质名称	爆炸浓度(V/%)	
		下限	上限			下限	上限			下限	上限
1	甲烷	5.0	15.0	17	丙烯	2.0	11.1	33	丙酮	2.6	12.8
2	乙烷	3.0	12.5	18	乙炔	2.5	80	34	乙酸	5.4	17
3	丙烷	2.0	11.1	19	丙炔	1.7	—	35	甲酸甲酯	4.5	23
4	丁烷	1.9	8.5	20	苯	1.2	7.8	36	甲酸乙酯	2.8	16
5	戊烷	1.4	7.8	21	甲苯	1.2	7.1	37	醋酸甲酯	3.1	16
6	己烷	1.1	7.5	22	乙苯	0.8	6.7	38	醋酸乙酯	2.0	11.5
7	庚烷	1.1	6.7	23	苯乙烯	0.9	6.8	39	醋酸丙酯	1.7	8.0
8	辛烷	1.0	6.5	24	乙醚	1.9	36	40	醋酸丁酯	1.7	9.8
9	壬烷	0.7	2.9	25	甲醇	6.0	36	41	硫化氢	4.3	45.5
10	环丙烷	2.4	10.4	26	乙醇	3.3	19	42	乙腈	3.0	16.0
11	环戊烷	1.4	—	27	丙醇	2.1	13.5	43	氢	4.0	75.0
12	异丁烷	1.8	8.4	28	丁醇	1.4	11.2	44	天然气	3.8	13
13	环己烷	1.3	8.0	29	戊醇	1.2	10.5	45	城市煤气	4.0	
14	异戊烷	1.4	7.6	30	异丙醇	2.0	12	46	液化石油气	1.0	—
15	异辛烷	1.0	6.0	31	异丁醇	1.7	19.0	47	汽油	1.1	5.9
16	乙烯	2.7	36	32	甲醛	7.0	73	48	煤油	0.6	6.5

注:内容参考 GB/T 50493—2019《石油化工可燃气体和有毒气体检测报警设计标准》。

3. 灭火常识

（1）扑灭火源。一旦发生火情，实验室人员应临危不惧，冷静沉着，及时采取灭火措施，防止火势的扩展。应立即切断电源，关闭煤气阀门，移走可燃物，用湿布或石棉布覆盖火源灭火。若火势较猛，应根据具体情况，选用适当的灭火器材进行灭火，并立即与有关部门联系，请求救援。若衣服着火，不可慌张乱跑，应立即用湿布或石棉布灭火；如果燃烧面积较大，可躺在地上打滚。

（2）火源（火灾）的分类及可使用的灭火器见表 10-4。

表 10-4　火灾的分类及可使用的灭火器

分类	燃烧物质	可使用的灭火器	注意事项
A 类	木材、纸张、棉花	水、酸碱式和泡沫式灭火器	
B 类	可燃性液体，如石油化工产品、食品油脂	泡沫灭火器、二氧化碳灭火器、干粉灭火器、"1211"灭火器	
C 类	可燃性气体，如煤气、石油液化气	"1211"灭火器、干粉灭火器	用水、酸碱灭火器、泡沫灭火器均无作用
D 类	可燃性金属，如钾、钠、钙、镁等	干砂土"7150"灭火器	禁止用水及酸碱式、泡沫式灭火器。二氧化碳灭火器、干粉灭火器、"1211"灭火器均无效

常见的灭火器主要成分三甲基氧基硼氧六环受热分解，吸收大量热，并在可燃物表面形成氧化硼保护膜，隔绝空气，使火熄灭。四氯化碳、"1211"均属卤代烷灭火器，遇高温时可形成剧毒的光气，使用时要注意防毒。但它们具有绝缘性能好、灭火后在燃烧物上不留痕迹、不损坏仪器等特点，适用于扑灭精密仪器、贵重图书资料和电线等的火情。

检验室内的灭火器要定期检查，过期应及时更换。灭火器的喷嘴应畅通，如遇堵塞应用铁丝疏通，以免使用时造成爆炸事故。

10.3.3　预防化学烧伤与玻璃割伤

1.预防化学烧伤与玻璃割伤的注意事项

（1）腐蚀性刺激药品，如强酸、强碱、浓氨水、氯化氧磷、浓过氧化氢、氢氟酸、冰乙酸和溴水等，取用时尽可能戴上皮手套和防护眼镜等。如药品瓶较大，搬运时必须一手托住瓶底，一手拿住瓶颈。

（2）开启大瓶液体药品时，必须用锯子将封口石膏锯开，禁止用其他物体敲打，以免被打破。要用手推车搬运装酸或其他腐蚀性液体的坛子、大瓶，严禁将坛子背、扛搬运。要用特制的虹吸管移出危险液体，并穿戴防护镜、橡皮手套和围裙操作。

（3）稀释硫酸时，必须在耐热容器内进行，并且在不断搅拌下，慢慢地将浓硫酸加入水中。绝对不能将水加入浓硫酸中，这样做会集中大量产生的热，溅射酸液，是很危险的。在溶解氢氧化钠、氢氧化钾等发热物质时，也必须在耐热容器中进行。

（4）取下正在沸腾的水或溶液时，须用烧杯夹夹住摇动后取下，以防突然剧烈沸腾溅出溶液伤人。

（5）切割玻璃管(棒)及给瓶塞打孔时，易造成割伤。往玻璃管上套橡皮管或将玻璃管插进橡皮塞孔内时，必须正确选择合适的匹配直径，将玻璃管端面烧圆滑，用水或甘油湿润管壁及塞内孔，并用布裹住手，以防玻璃管破碎时割伤手部。把玻璃管插入塞孔内时，必须握住塞子的侧面，不能把它撑在手掌上。

（6）装配或拆卸玻璃仪器装置时，要小心地进行，防备玻璃仪器破损、割手。

2.化学烧伤的急救和治疗

常见化学烧伤的急救和治疗见表 10-5。

表 10-5　常见化学烧伤的急救和治疗

化学试剂种类	急救或治疗方法
碱类：氢氧化钠(钾)、氨、氧化钙、碳酸钾	立即使用大量水冲洗，然后用2%乙酸溶液冲洗，或撒敷硼酸粉，或用2%硼酸水溶液洗。如为氧化钙灼伤，可用植物油敷伤处
碱金属氰化物、氢氰酸	先用高锰酸钾溶液冲洗，再用硫化氨溶液冲洗
溴	用1体积25%氨水+1体积松节油+10体积95%乙醇的混合液处理
氢氟酸	先用大量水冲洗直至伤口表面发红，然后用5%碳酸氢钠溶液冲洗，再以甘油与氧化镁(2:1)悬浮液涂抹，再用消毒纱布包扎；或用0.1%氯化苄烷铵水或冰镇乙醇溶液浸泡
铬酸	先用大量水冲洗，再用硫化铵稀溶液漂洗
黄磷	立即用1%硫酸铜溶液洗净残余的磷，再用0.01%高锰酸钾溶液湿敷，外涂保护剂，用绷带包扎
苯酚	先用大量水冲洗，然后用(4+1)70%乙醇-氯化铁(1 mol/L)混合溶液洗
硝酸银	先用水冲洗，再用5%碳酸氢钠溶液漂洗，涂油膏及磺胺粉
酸类：硫酸、盐酸、硝酸、乙酸、甲酸、草酸、苦味酸	先用大量水冲洗，然后用5%碳酸钠溶液冲洗
硫酸二甲酯	不能涂油，不能包扎，应暴露伤处让其挥发

10.3.4　有害化学物质的处理

实验室需要排放废水、废气、废渣("三废")。由于各类检验室工作内容不同，产生的"三废"中所含的化学物质及其毒性不同，数量差别也大。为了保证检验人员的健康，防止环境的污染，检验室"三废"的排放应遵守我国环境保护的有关规定。

1.检验室的废气

在检验室内进行可能产生有害废气的操作都应在有通风装置的条件下进行，如加热酸、碱溶液和有机物的消化、分解等都应于通风柜中进行。原子光谱分析仪的原子化器部分都产生金属的原子蒸气，必须有专用的通风罩把原子蒸气抽出室外。汞的操作室必须有良好的全室通风装置，其抽风口通常在墙的下部。检验室排出的废气量较少时，一般可由通风装置直接排至室外，但排气口必须高于附近屋顶 3 m。少数实验室若排放毒性大且量多的气体，可参考工业上废气处理办法，在排放废气之前，采用吸附、吸收、氧化、分解等方法进行预处理。

2. 检验室的废水

检验室每天进行化验操作，产生一定量的废水，而废水的排放须遵守我国环境保护的有关规定。

10.4　模拟现场实验室的设计与管理

10.4.1　结构与布局

(1)模拟现场实验室由 1 个容积为 28 m³(底面积 10 m² 左右，尽量为正方形，3.3 m×3.3 m×2.6 m，也可以根据房间情况适当调整)的房间和相关控制系统、配套设备构成。

(2)材料要求：所有材料要求耐腐蚀，易冲洗，耐高压冲洗，耐紫外线、易观察实验昆虫或动物的活动情况。地面要求白色，耐磨损，易冲洗。四周墙面、顶是钢化玻璃材质，地面材质可选玻璃、塑胶或自流平材料，框架为不锈钢材质。

(3)外设缓冲间：缓冲间的作用是保证试验区温度的稳定，缓冲间三面包围，走廊宽度为 1 m。缓冲间设置空调送排风口，以保证工作间内停止送风后仍然保持温度恒定。

(4)设置清洗装置：设置高压喷水清洗装置自动清洗试验区。

10.4.2　技术指标

(1)环境要求：温度为 20~30 ℃，可调精度±1 ℃；相对湿度(50%~70%)可调，精度±5%，室内温度均匀；光照为可调自然光，均匀分布面光源，强度为

200~3000 lux(灯下 10 cm 测量)。

(2)控制系统：温度、湿度和光照均为自动化控制。设备非正常运行时有报警功能。

(3)送排风要求：中效过滤。实验前，送风要能在 30 min 内迅速达到实验要求的温湿度，实验后排风要在 30 min 内全部换气。

(4)实验室内循环系统：实验期间室内气流形成内循环，空气不与外界交换(以避免药物的流失)，并且能恒温恒湿至少保持 24 h。所有进风口要有过滤装置，防止灰尘进入；出风口中效过滤，防止化学杀虫剂直接排入大气。

10.4.3 功能要求

(1)水电要求：地面有上水口和下水口，可关闭，密封性能好。地面积水可以直接流入下水口，地面不积水。试验区内电源 2 个五孔 220 V 密闭插座，插座有防水罩。照明灯具一套安装在模拟房顶部，并与实验环境隔离，防止蚊、蝇等接触灯具，并能防止冲洗时水的溅入，且要方便更换维修。

(2)结构要求：设一个放虫孔，圆孔口径为 20 cm，中心距离地面 1.4 m；且其密闭性好；配备密封门，缓冲间门宽 0.9 m，高 2 m，模拟现场实验室门宽 0.8 m，高 1.8 m，顶部设置挂笼钩、蚊帐钩(设置 3 排，1 排 3 个，等距离排列)。

(3)房内四角及内壁接缝处均为圆角；所有通气口设有耐腐蚀的防虫网(防止蚊、蝇逃逸)。温、湿度测量计要能防水防腐蚀，便于清洗、维护、维修。气体循环系统和外排系统有空气过滤装置，可以有效去除空气中的杀虫剂等化合物。

(4)配备设施：移动式自动喷水清洗装置及其软管 1 套，水泵 1 个，洗液配置桶(塑料材质)1 个。

附　录

附录1　《中华人民共和国产品质量法》

1993年2月22日第七届全国人民代表大会常务委员会第三十次会议通过，自1993年9月1日起施行。

当前版本是2018年12月29日第十三届全国人民代表大会常务委员会第七次会议修正。

第一章　总　则

第一条　为了加强对产品质量的监督管理，提高产品质量水平，明确产品质量责任，保护消费者的合法权益，维护社会经济秩序，制定本法。

第二条　在中华人民共和国境内从事产品生产、销售活动，必须遵守本法。

本法所称产品是指经过加工、制作，用于销售的产品。

建设工程不适用本法规定；但是，建设工程使用的建筑材料、建筑构配件和设备，属于前款规定的产品范围的，适用本法规定。

第三条　生产者、销售者应当建立健全内部产品质量管理制度，严格实施岗位质量规范、质量责任以及相应的考核办法。

第四条　生产者、销售者依照本法规定承担产品质量责任。

第五条　禁止伪造或者冒用认证标志等质量标志；禁止伪造产品的产地，伪造或者冒用他人的厂名、厂址；禁止在生产、销售的产品中掺杂、掺假，以假充真，以次充好。

第六条　国家鼓励推行科学的质量管理方法，采用先进的科学技术，鼓励企业产品质量达到并且超过行业标准、国家标准和国际标准。

对产品质量管理先进和产品质量达到国际先进水平、成绩显著的单位和个人，给予奖励。

第七条　各级人民政府应当把提高产品质量纳入国民经济和社会发展规划，加强对产品质量工作的统筹规划和组织领导，引导、督促生产者、销售者加强产品质量管理，提高产品质量，组织各有关部门依法采取措施，制止产品生产、销售中违反本法规定的行为，保障本法的施行。

第八条　国务院市场监督管理部门主管全国产品质量监督工作。国务院有关部门在各自的职责范围内负责产品质量监督工作。

县级以上地方市场监督管理部门主管本行政区域内的产品质量监督工作。县级以上地方人民政府有关部门在各自的职责范围内负责产品质量监督工作。

法律对产品质量的监督部门另有规定的，依照有关法律的规定执行。

第九条　各级人民政府工作人员和其他国家机关工作人员不得滥用职权、玩忽职守或者徇私舞弊，包庇、放纵本地区、本系统发生的产品生产、销售中违反本法规定的行为，或者阻挠、干预依法对产品生产、销售中违反本法规定的行为进行查处。

各级地方人民政府和其他国家机关有包庇、放纵产品生产、销售中违反本法规定的行为的，依法追究其主要负责人的法律责任。

第十条　任何单位和个人有权对违反本法规定的行为，向市场监督管理部门或者其他有关部门检举。

市场监督管理部门和有关部门应当为检举人保密，并按照省、自治区、直辖市人民政府的规定给予奖励。

第十一条　任何单位和个人不得排斥非本地区或者非本系统企业生产的质量合格产品进入本地区、本系统。

第二章　产品质量的监督

第十二条　产品质量应当检验合格，不得以不合格产品冒充合格产品。

第十三条　可能危及人体健康和人身、财产安全的工业产品，必须符合保障人体健康和人身、财产安全的国家标准、行业标准；未制定国家标准、行业标准的，必须符合保障人体健康和人身、财产安全的要求。

禁止生产、销售不符合保障人体健康和人身、财产安全的标准和要求的工业产品。具体管理办法由国务院规定。

第十四条　国家根据国际通用的质量管理标准，推行企业质量体系认证制度。企业根据自愿原则可以向国务院市场监督管理部门认可的或者国务院市场监督管理部门授权的部门认可的认证机构申请企业质量体系认证。经认证合格的，由认证机构颁发企业质量体系认证证书。

国家参照国际先进的产品标准和技术要求，推行产品质量认证制度。企业根据自愿原则可以向国务院市场监督管理部门认可的或者国务院市场监督管理部门授权的部门认可的认证机构申请产品质量认证。经认证合格的，由认证机构颁发产品质量认证证书，准许企业在产品或者其包装上使用产品质量认证标志。

第十五条　国家对产品质量实行以抽查为主要方式的监督检查制度，对可能危及人体健康和人身、财产安全的产品，影响国计民生的重要工业产品以及消费者、有关组织反映有质量问题的产品进行抽查。抽查的样品应当在市场上或者企业成品仓库内的待销产品中随机抽取。监督抽查工作由国务院市场监督管理部门规划和组织。县级以上地方市场监督管理部门在本行政区域内也可以组织监督抽查。法律对产品质量的监督检查另有规定的，依照有关法律的规定执行。

国家监督抽查的产品，地方不得另行重复抽查；上级监督抽查的产品，下级不得另行重复抽查。

根据监督抽查的需要，可以对产品进行检验。检验抽取样品的数量不得超过检验的合理需要，并不得向被检查人收取检验费用。监督抽查所需检验费用按照国务院规定列支。

生产者、销售者对抽查检验的结果有异议的，可以自收到检验结果之日起十五日内向实施监督抽查的市场监督管理部门或者其上级市场监督管理部门申请复检，由受理复检的市场监督管理部门作出复检结论。

第十六条　对依法进行的产品质量监督检查，生产者、销售者不得拒绝。

第十七条　依照本法规定进行监督抽查的产品质量不合格的，由实施监督抽查的市场监督管理部门责令其生产者、销售者限期改正。逾期不改正的，由省级以上人民政府市场监督管理部门予以公告；公告后经复查仍不合格的，责令停业，限期整顿；整顿期满后经复查产品质量仍不合格的，吊销营业执照。

监督抽查的产品有严重质量问题的，依照本法第五章的有关规定处罚。

第十八条　县级以上市场监督管理部门根据已经取得的违法嫌疑证据或者举报，对涉嫌违反本法规定的行为进行查处时，可以行使下列职权：

（一）对当事人涉嫌从事违反本法的生产、销售活动的场所实施现场检查；

（二）向当事人的法定代表人、主要负责人和其他有关人员调查、了解与涉嫌从事违反本法的生产、销售活动有关的情况；

（三）查阅、复制当事人有关的合同、发票、帐簿以及其他有关资料；

（四）对有根据认为不符合保障人体健康和人身、财产安全的国家标准、行业标准的产品或者有其他严重质量问题的产品，以及直接用于生产、销售该项产品的原辅材料、包装物、生产工具，予以查封或者扣押。

第十九条　产品质量检验机构必须具备相应的检测条件和能力，经省级以上人民政府市场监督管理部门或者其授权的部门考核合格后，方可承担产品质量检验工作。法律、行政法规对产品质量检验机构另有规定的，依照有关法律、行政法规的规定执行。

第二十条　从事产品质量检验、认证的社会中介机构必须依法设立，不得与行政机关和其他国家机关存在隶属关系或者其他利益关系。

第二十一条　产品质量检验机构、认证机构必须依法按照有关标准，客观、公正地出具检验结果或者认证证明。

产品质量认证机构应当依照国家规定对准许使用认证标志的产品进行认证后的跟踪检查；对不符合认证标准而使用认证标志的，要求其改正；情节严重的，取消其使用认证标志的资格。

第二十二条　消费者有权就产品质量问题，向产品的生产者、销售者查询；向市场监督管理部门及有关部门申诉，接受申诉的部门应当负责处理。

第二十三条　保护消费者权益的社会组织可以就消费者反映的产品质量问题建议有关部门负责处理，支持消费者对因产品质量造成的损害向人民法院起诉。

第二十四条　国务院和省、自治区、直辖市人民政府的市场监督管理部门应当定期发布其监督抽查的产品的质量状况公告。

第二十五条　市场监督管理部门或者其他国家机关以及产品质量检验机构不得向社会推荐生产者的产品；不得以对产品进行监制、监销等方式参与产品经营活动。

第三章　生产者、销售者的产品质量责任和义务

第一节　生产者的产品质量责任和义务

第二十六条　生产者应当对其生产的产品质量负责。

产品质量应当符合下列要求：

（一）不存在危及人身、财产安全的不合理的危险，有保障人体健康和人身、财产安全的国家标准、行业标准的，应当符合该标准；

（二）具备产品应当具备的使用性能，但是，对产品存在使用性能的瑕疵作出说明的除外；

（三）符合在产品或者其包装上注明采用的产品标准，符合以产品说明、实物样品等方式表明的质量状况。

第二十七条　产品或者其包装上的标识必须真实，并符合下列要求：

（一）有产品质量检验合格证明；

（二）有中文标明的产品名称、生产厂厂名和厂址；

（三）根据产品的特点和使用要求，需要标明产品规格、等级、所含主要成份的名称和含量的，用中文相应予以标明；需要事先让消费者知晓的，应当在外包装上标明，或者预先向消费者提供有关资料；

（四）限期使用的产品，应当在显著位置清晰地标明生产日期和安全使用期或者失效日期；

（五）使用不当，容易造成产品本身损坏或者可能危及人身、财产安全的产品，应当有警示标志或者中文警示说明。

裸装的食品和其他根据产品的特点难以附加标识的裸装产品，可以不附加产品标识。

第二十八条　易碎、易燃、易爆、有毒、有腐蚀性、有放射性等危险物品以及储运中不能倒置和其他有特殊要求的产品，其包装质量必须符合相应要求，依照国家有关规定作出警示标志或者中文警示说明，标明储运注意事项。

第二十九条　生产者不得生产国家明令淘汰的产品。

第三十条　生产者不得伪造产地，不得伪造或者冒用他人的厂名、厂址。

第三十一条　生产者不得伪造或者冒用认证标志等质量标志。

第三十二条　生产者生产产品，不得掺杂、掺假，不得以假充真、以次充好，不得以不合格产品冒充合格产品。

第二节　销售者的产品质量责任和义务

第三十三条　销售者应当建立并执行进货检查验收制度，验明产品合格证明和其他标识。

第三十四条　销售者应当采取措施，保持销售产品的质量。

第三十五条　销售者不得销售国家明令淘汰并停止销售的产品和失效、变质的产品。

第三十六条　销售者销售的产品的标识应当符合本法第二十七条的规定。

第三十七条　销售者不得伪造产地，不得伪造或者冒用他人的厂名、厂址。

第三十八条　销售者不得伪造或者冒用认证标志等质量标志。

第三十九条　销售者销售产品，不得掺杂、掺假，不得以假充真、以次充好，不得以不合格产品冒充合格产品。

第四章　损害赔偿

第四十条　售出的产品有下列情形之一的，销售者应当负责修理、更换、退货；给购买产品的消费者造成损失的，销售者应当赔偿损失：

(一)不具备产品应当具备的使用性能而事先未作说明的；

(二)不符合在产品或者其包装上注明采用的产品标准的；

(三)不符合以产品说明、实物样品等方式表明的质量状况的。

销售者依照前款规定负责修理、更换、退货、赔偿损失后，属于生产者的责任或者属于向销售者提供产品的其他销售者(以下简称供货者)的责任的，销售者有权向生产者、供货者追偿。

销售者未按照第一款规定给予修理、更换、退货或者赔偿损失的，由市场监督管理部门责令改正。

生产者之间，销售者之间，生产者与销售者之间订立的买卖合同、承揽合同有不同约定的，合同当事人按照合同约定执行。

第四十一条　因产品存在缺陷造成人身、缺陷产品以外的其他财产(以下简称他人财产)损害的，生产者应当承担赔偿责任。

生产者能够证明有下列情形之一的，不承担赔偿责任：

(一)未将产品投入流通的；

(二)产品投入流通时，引起损害的缺陷尚不存在的；

(三)将产品投入流通时的科学技术水平尚不能发现缺陷的存在的。

第四十二条　由于销售者的过错使产品存在缺陷，造成人身、他人财产损害的，销售者应当承担赔偿责任。

销售者不能指明缺陷产品的生产者也不能指明缺陷产品的供货者的，销售者应当承担赔偿责任。

第四十三条　因产品存在缺陷造成人身、他人财产损害的，受害人可以向产品的生产者要求赔偿，也可以向产品的销售者要求赔偿。属于产品的生产者的责任，产品的销售者赔偿的，产品的销售者有权向产品的生产者追偿。属于产品的销售者的责任，产品的生产者赔偿的，产品的生产者有权向产品的销售者追偿。

第四十四条　因产品存在缺陷造成受害人人身伤害的，侵害人应当赔偿医疗费、治疗期间的护理费、因误工减少的收入等费用；造成残疾的，还应当支付残疾者生活自助具费、生活补助费、残疾赔偿金以及由其扶养的人所必需的生活费等费用；造成受害人死亡的，并应当支付丧葬费、死亡赔偿金以及由死者生前扶养的人所必需的生活费等费用。

因产品存在缺陷造成受害人财产损失的，侵害人应当恢复原状或者折价赔偿。受害人因此遭受其他重大损失的，侵害人应当赔偿损失。

第四十五条　因产品存在缺陷造成损害要求赔偿的诉讼时效期间为二年，自当事人知道或者应当知道其权益受到损害时起计算。

因产品存在缺陷造成损害要求赔偿的请求权,在造成损害的缺陷产品交付最初消费者满十年丧失;但是,尚未超过明示的安全使用期的除外。

第四十六条　本法所称缺陷,是指产品存在危及人身、他人财产安全的不合理的危险;产品有保障人体健康和人身、财产安全的国家标准、行业标准的,是指不符合该标准。

第四十七条　因产品质量发生民事纠纷时,当事人可以通过协商或者调解解决。当事人不愿通过协商、调解解决或者协商、调解不成的,可以根据当事人各方的协议向仲裁机构申请仲裁;当事人各方没有达成仲裁协议或者仲裁协议无效的,可以直接向人民法院起诉。

第四十八条　仲裁机构或者人民法院可以委托本法第十九条规定的产品质量检验机构,对有关产品质量进行检验。

第五章　罚　则

第四十九条　生产、销售不符合保障人体健康和人身、财产安全的国家标准、行业标准的产品的,责令停止生产、销售,没收违法生产、销售的产品,并处违法生产、销售产品(包括已售出和未售出的产品,下同)货值金额等值以上三倍以下的罚款;有违法所得的,并处没收违法所得;情节严重的,吊销营业执照;构成犯罪的,依法追究刑事责任。

第五十条　在产品中掺杂、掺假,以假充真,以次充好,或者以不合格产品冒充合格产品的,责令停止生产、销售,没收违法生产、销售的产品,并处违法生产、销售产品货值金额百分之五十以上三倍以下的罚款;有违法所得的,并处没收违法所得;情节严重的,吊销营业执照;构成犯罪的,依法追究刑事责任。

第五十一条　生产国家明令淘汰的产品的,销售国家明令淘汰并停止销售的产品的,责令停止生产、销售,没收违法生产、销售的产品,并处违法生产、销售产品货值金额等值以下的罚款;有违法所得的,并处没收违法所得;情节严重的,吊销营业执照。

第五十二条　销售失效、变质的产品的,责令停止销售,没收违法销售的产品,并处违法销售产品货值金额二倍以下的罚款;有违法所得的,并处没收违法所得；情节严重的，吊销营业执照；构成犯罪的，依法追究刑事责任。

第五十三条 伪造产品产地的，伪造或者冒用他人厂名、厂址的，伪造或者冒用认证标志等质量标志的，责令改正，没收违法生产、销售的产品，并处违法生产、销售产品货值金额等值以下的罚款；有违法所得的，并处没收违法所得；情节严重的，吊销营业执照。

第五十四条 产品标识不符合本法第二十七条规定的，责令改正；有包装的产品标识不符合本法第二十七条第(四)项、第(五)项规定，情节严重的，责令停止生产、销售，并处违法生产、销售产品货值金额百分之三十以下的罚款；有违法所得的，并处没收违法所得。

第五十五条 销售者销售本法第四十九条至第五十三条规定禁止销售的产品，有充分证据证明其不知道该产品为禁止销售的产品并如实说明其进货来源的，可以从轻或者减轻处罚。

第五十六条 拒绝接受依法进行的产品质量监督检查的，给予警告，责令改正；拒不改正的，责令停业整顿；情节特别严重的，吊销营业执照。

第五十七条 产品质量检验机构、认证机构伪造检验结果或者出具虚假证明的，责令改正，对单位处五万元以上十万元以下的罚款，对直接负责的主管人员和其他直接责任人员处一万元以上五万元以下的罚款；有违法所得的，并处没收违法所得；情节严重的，取消其检验资格、认证资格；构成犯罪的，依法追究刑事责任。

产品质量检验机构、认证机构出具的检验结果或者证明不实，造成损失的，应当承担相应的赔偿责任；造成重大损失的，撤销其检验资格、认证资格。

产品质量认证机构违反本法第二十一条第二款的规定，对不符合认证标准而使用认证标志的产品，未依法要求其改正或者取消其使用认证标志资格的，对因产品不符合认证标准给消费者造成的损失，与产品的生产者、销售者承担连带责任；情节严重的，撤销其认证资格。

第五十八条 社会团体、社会中介机构对产品质量作出承诺、保证，而该产品又不符合其承诺、保证的质量要求，给消费者造成损失的，与产品的生产者、销售者承担连带责任。

第五十九条 在广告中对产品质量作虚假宣传，欺骗和误导消费者的，依照《中华人民共和国广告法》的规定追究法律责任。

第六十条　对生产者专门用于生产本法第四十九条、第五十一条所列的产品或者以假充真的产品的原辅材料、包装物、生产工具，应当予以没收。

第六十一条　知道或者应当知道属于本法规定禁止生产、销售的产品而为其提供运输、保管、仓储等便利条件的，或者为以假充真的产品提供制假生产技术的，没收全部运输、保管、仓储或者提供制假生产技术的收入，并处违法收入百分之五十以上三倍以下的罚款；构成犯罪的，依法追究刑事责任。

第六十二条　服务业的经营者将本法第四十九条至第五十二条规定禁止销售的产品用于经营性服务的，责令停止使用；对知道或者应当知道所使用的产品属于本法规定禁止销售的产品的，按照违法使用的产品(包括已使用和尚未使用的产品)的货值金额，依照本法对销售者的处罚规定处罚。

第六十三条　隐匿、转移、变卖、损毁被市场监督管理部门查封、扣押的物品的，处被隐匿、转移、变卖、损毁物品货值金额等值以上三倍以下的罚款；有违法所得的，并处没收违法所得。

第六十四条　违反本法规定，应当承担民事赔偿责任和缴纳罚款、罚金，其财产不足以同时支付时，先承担民事赔偿责任。

第六十五条　各级人民政府工作人员和其他国家机关工作人员有下列情形之一的，依法给予行政处分；构成犯罪的，依法追究刑事责任：

(一)包庇、放纵产品生产、销售中违反本法规定行为的；

(二)向从事违反本法规定的生产、销售活动的当事人通风报信，帮助其逃避查处的；

(三)阻挠、干预市场监督管理部门依法对产品生产、销售中违反本法规定的行为进行查处，造成严重后果的。

第六十六条　市场监督管理部门在产品质量监督抽查中超过规定的数量索取样品或者向被检查人收取检验费用的，由上级市场监督管理部门或者监察机关责令退还；情节严重的，对直接负责的主管人员和其他直接责任人员依法给予行政处分。

第六十七条　市场监督管理部门或者其他国家机关违反本法第二十五条的规定，向社会推荐生产者的产品或者以监制、监销等方式参与产品经营活动的，由其上级机关或者监察机关责令改正，消除影响，有违法收入的予以没收；情节严重的，对直接负责的主管人员和其他直接责任人员依法给予行政处分。

产品质量检验机构有前款所列违法行为的，由市场监督管理部门责令改正，消除影响，有违法收入的予以没收，可以并处违法收入一倍以下的罚款；情节严重的，撤销其质量检验资格。

第六十八条　市场监督管理部门的工作人员滥用职权、玩忽职守、徇私舞弊，构成犯罪的，依法追究刑事责任；尚不构成犯罪的，依法给予行政处分。

第六十九条　以暴力、威胁方法阻碍市场监督管理部门的工作人员依法执行职务的，依法追究刑事责任；拒绝、阻碍未使用暴力、威胁方法的，由公安机关依照治安管理处罚法的规定处罚。

第七十条　本法第四十九条至第五十七条、第六十条至第六十三条规定的行政处罚由市场监督管理部门决定。法律、行政法规对行使行政处罚权的机关另有规定的，依照有关法律、行政法规的规定执行。

第七十一条　对依照本法规定没收的产品，依照国家有关规定进行销毁或者采取其他方式处理。

第七十二条　本法第四十九条至第五十四条、第六十二条、第六十三条所规定的货值金额以违法生产、销售产品的标价计算；没有标价的，按照同类产品的市场价格计算。

第六章　附　则

第七十三条　军工产品质量监督管理办法，由国务院、中央军事委员会另行制定。

因核设施、核产品造成损害的赔偿责任，法律、行政法规另有规定的，依照其规定。

第七十四条　本法自 1993 年 9 月 1 日起施行。

附录2 《农药管理条例》

第一章 总 则

第一条 为了加强农药管理，保证农药质量，保障农产品质量安全和人畜安全，保护农业、林业生产和生态环境，制定本条例。

第二条 本条例所称农药，是指用于预防、控制危害农业、林业的病、虫、草、鼠和其他有害生物以及有目的地调节植物、昆虫生长的化学合成或者来源于生物、其他天然物质的一种物质或者几种物质的混合物及其制剂。前款规定的农药包括用于不同目的、场所的下列各类：（一）预防、控制危害农业、林业的病、虫(包括昆虫、蜱、螨)、草、鼠、软体动物和其他有害生物；（二）预防、控制仓储以及加工场所的病、虫、鼠和其他有害生物；（三）调节植物、昆虫生长；（四)农业、林业产品防腐或者保鲜；（五)预防、控制蚊、蝇、蟑螂、鼠和其他有害生物；（六)预防、控制危害河流堤坝、铁路、码头、机场、建筑物和其他场所的有害生物。

第三条 国务院农业主管部门负责全国的农药监督管理工作。县级以上地方人民政府农业主管部门负责本行政区域的农药监督管理工作。县级以上人民政府其他有关部门在各自职责范围内负责有关的农药监督管理工作。

第四条 县级以上地方人民政府应当加强对农药监督管理工作的组织领导，将农药监督管理经费列入本级政府预算，保障农药监督管理工作的开展。

第五条 农药生产企业、农药经营者应当对其生产、经营的农药的安全性、有效性负责，自觉接受政府监管和社会监督。农药生产企业、农药经营者应当加强行业自律，规范生产、经营行为。

第六条 国家鼓励和支持研制、生产、使用安全、高效、经济的农药，推进农药专业化使用，促进农药产业升级。对在农药研制、推广和监督管理等工作中作出突出贡献的单位和个人，按照国家有关规定予以表彰或者奖励。

第二章　农药登记

第七条　国家实行农药登记制度。农药生产企业、向中国出口农药的企业应当依照本条例的规定申请农药登记，新农药研制者可以依照本条例的规定申请农药登记。国务院农业主管部门所属的负责农药检定工作的机构负责农药登记具体工作。省、自治区、直辖市人民政府农业主管部门所属的负责农药检定工作的机构协助做好本行政区域的农药登记具体工作。

第八条　国务院农业主管部门组织成立农药登记评审委员会，负责农药登记评审。农药登记评审委员会由下列人员组成：（一）国务院农业、林业、卫生、环境保护、粮食、工业行业管理、安全生产监督管理等有关部门和供销合作总社等单位推荐的农药产品化学、药效、毒理、残留、环境、质量标准和检测等方面的专家；（二）国家食品安全风险评估专家委员会的有关专家；（三）国务院农业、林业、卫生、环境保护、粮食、工业行业管理、安全生产监督管理等有关部门和供销合作总社等单位的代表。农药登记评审规则由国务院农业主管部门制定。

第九条　申请农药登记的，应当进行登记试验。农药的登记试验应当报所在地省、自治区、直辖市人民政府农业主管部门备案。新农药的登记试验应当向国务院农业主管部门提出申请。国务院农业主管部门应当自受理申请之日起40个工作日内对试验的安全风险及其防范措施进行审查，符合条件的，准予登记试验；不符合条件的，书面通知申请人并说明理由。

第十条　登记试验应当由国务院农业主管部门认定的登记试验单位按照国务院农业主管部门的规定进行。与已取得中国农药登记的农药组成成分、使用范围和使用方法相同的农药，免予残留、环境试验，但已取得中国农药登记的农药依照本条例第十五条的规定在登记资料保护期内的，应当经农药登记证持有人授权同意。登记试验单位应当对登记试验报告的真实性负责。

第十一条　登记试验结束后，申请人应当向所在地省、自治区、直辖市人民政府农业主管部门提出农药登记申请，并提交登记试验报告、标签样张和农药产品质量标准及其检验方法等申请资料；申请新农药登记的，还应当提供农药标准品。省、自治区、直辖市人民政府农业主管部门应当自受理申请之日起

20个工作日内提出初审意见，并报送国务院农业主管部门。向中国出口农药的企业申请农药登记的，应当持本条第一款规定的资料、农药标准品以及在有关国家(地区)登记、使用的证明材料，向国务院农业主管部门提出申请。

第十二条　国务院农业主管部门受理申请或者收到省、自治区、直辖市人民政府农业主管部门报送的申请资料后，应当组织审查和登记评审，并自收到评审意见之日起20个工作日内作出审批决定，符合条件的，核发农药登记证；不符合条件的，书面通知申请人并说明理由。

第十三条　农药登记证应当载明农药名称、剂型、有效成分及其含量、毒性、使用范围、使用方法和剂量、登记证持有人、登记证号以及有效期等事项。农药登记证有效期为5年。有效期届满，需要继续生产农药或者向中国出口农药的，农药登记证持有人应当在有效期届满90日前向国务院农业主管部门申请延续。农药登记证载明事项发生变化的，农药登记证持有人应当按照国务院农业主管部门的规定申请变更农药登记证。国务院农业主管部门应当及时公告农药登记证核发、延续、变更情况以及有关的农药产品质量标准号、残留限量规定、检验方法、经核准的标签等信息。

第十四条　新农药研制者可以转让其已取得登记的新农药的登记资料；农药生产企业可以向具有相应生产能力的农药生产企业转让其已取得登记的农药的登记资料。

第十五条　国家对取得首次登记的、含有新化合物的农药的申请人提交的其自己所取得且未披露的试验数据和其他数据实施保护。自登记之日起6年内，对其他申请人未经已取得登记的申请人同意，使用前款规定的数据申请农药登记的，登记机关不予登记；但是，其他申请人提交其自己所取得的数据的除外。除下列情况外，登记机关不得披露本条第一款规定的数据：(一)公共利益需要；(二)已采取措施确保该类信息不会被不正当地进行商业使用。

第三章　农药生产

第十六条　农药生产应当符合国家产业政策。国家鼓励和支持农药生产企业采用先进技术和先进管理规范，提高农药的安全性、有效性。

第十七条　国家实行农药生产许可制度。农药生产企业应当具备下列条件,并按照国务院农业主管部门的规定向省、自治区、直辖市人民政府农业主管部门申请农药生产许可证:(一)有与所申请生产农药相适应的技术人员;(二)有与所申请生产农药相适应的厂房、设施;(三)有对所申请生产农药进行质量管理和质量检验的人员、仪器和设备;(四)有保证所申请生产农药质量的规章制度。省、自治区、直辖市人民政府农业主管部门应当自受理申请之日起20个工作日内作出审批决定,必要时应当进行实地核查。符合条件的,核发农药生产许可证;不符合条件的,书面通知申请人并说明理由。安全生产、环境保护等法律、行政法规对企业生产条件有其他规定的,农药生产企业还应当遵守其规定。

第十八条 农药生产许可证应当载明农药生产企业名称、住所、法定代表人(负责人)、生产范围、生产地址以及有效期等事项。农药生产许可证有效期为5年。有效期届满,需要继续生产农药的,农药生产企业应当在有效期届满90日前向省、自治区、直辖市人民政府农业主管部门申请延续。农药生产许可证载明事项发生变化的,农药生产企业应当按照国务院农业主管部门的规定申请变更农药生产许可证。

第十九条 委托加工、分装农药的,委托人应当取得相应的农药登记证,受托人应当取得农药生产许可证。委托人应当对委托加工、分装的农药质量负责。

第二十条 农药生产企业采购原材料,应当查验产品质量检验合格证和有关许可证明文件,不得采购、使用未依法附具产品质量检验合格证、未依法取得有关许可证明文件的原材料。农药生产企业应当建立原材料进货记录制度,如实记录原材料的名称、有关许可证明文件编号、规格、数量、供货人名称及其联系方式、进货日期等内容。原材料进货记录应当保存2年以上。

第二十一条 农药生产企业应当严格按照产品质量标准进行生产,确保农药产品与登记农药一致。农药出厂销售,应当经质量检验合格并附具产品质量检验合格证。农药生产企业应当建立农药出厂销售记录制度,如实记录农药的名称、规格、数量、生产日期和批号、产品质量检验信息、购货人名称及其联系方式、销售日期等内容。农药出厂销售记录应当保存2年以上。

第二十二条 农药包装应当符合国家有关规定,并印制或者贴有标签。国家鼓励农药生产企业使用可回收的农药包装材料。农药标签应当按照国务院农业主管部门的规定,以中文标注农药的名称、剂型、有效成分及其含量、毒性及其标识、使用范围、使用方法和剂量、使用技术要求和注意事项、生产日期、可追溯电子信息码等内容。剧毒、高毒农药以及使用技术要求严格的其他农药等限制使用农药的标签还应当标注"限制使用"字样,并注明使用的特别限制和特殊要求。用于食用农产品的农药的标签还应当标注安全间隔期。

第二十三条 农药生产企业不得擅自改变经核准的农药的标签内容,不得在农药的标签中标注虚假、误导使用者的内容。农药包装过小,标签不能标注全部内容的,应当同时附具说明书,说明书的内容应当与经核准的标签内容一致。

第四章 农药经营

第二十四条 国家实行农药经营许可制度,但经营卫生用农药的除外。农药经营者应当具备下列条件,并按照国务院农业主管部门的规定向县级以上地方人民政府农业主管部门申请农药经营许可证:(一)有具备农药和病虫害防治专业知识,熟悉农药管理规定,能够指导安全合理使用农药的经营人员;(二)有与其他商品以及饮用水水源、生活区域等有效隔离的营业场所和仓储场所,并配备与所申请经营农药相适应的防护设施;(三)有与所申请经营农药相适应的质量管理、台账记录、安全防护、应急处置、仓储管理等制度。经营限制使用农药的,还应当配备相应的用药指导和病虫害防治专业技术人员,并按照所在地省、自治区、直辖市人民政府农业主管部门的规定实行定点经营。县级以上地方人民政府农业主管部门应当自受理申请之日起 20 个工作日内作出审批决定。符合条件的,核发农药经营许可证;不符合条件的,书面通知申请人并说明理由。

第二十五条 农药经营许可证应当载明农药经营者名称、住所、负责人、经营范围以及有效期等事项。农药经营许可证有效期为 5 年。有效期届满,需要继续经营农药的,农药经营者应当在有效期届满 90 日前向发证机关申请延续。农药经营许可证载明事项发生变化的,农药经营者应当按照国务院农业主管部门的规定申请变更农药经营许可证。取得农药经营许可证的农药经营者设立分支机构的,应当依法申请变更农药经营许可证,并向分支机构所在地县级以上地方人民政府农业主管部门备案,其分支机构免予办理农药经营许可证。农药经营者应当对其分支机构的经营活动负责。

第二十六条　农药经营者采购农药应当查验产品包装、标签、产品质量检验合格证以及有关许可证明文件,不得向未取得农药生产许可证的农药生产企业或者未取得农药经营许可证的其他农药经营者采购农药。农药经营者应当建立采购台账,如实记录农药的名称、有关许可证明文件编号、规格、数量、生产企业和供货人名称及其联系方式、进货日期等内容。采购台账应当保存 2 年以上。

第二十七条　农药经营者应当建立销售台账,如实记录销售农药的名称、规格、数量、生产企业、购买人、销售日期等内容。销售台账应当保存 2 年以上。农药经营者应当向购买人询问病虫害发生情况并科学推荐农药,必要时应当实地查看病虫害发生情况,并正确说明农药的使用范围、使用方法和剂量、使用技术要求和注意事项,不得误导购买人。经营卫生用农药的,不适用本条第一款、第二款的规定。

第二十八条　农药经营者不得加工、分装农药,不得在农药中添加任何物质,不得采购、销售包装和标签不符合规定,未附具产品质量检验合格证,未取得有关许可证明文件的农药。经营卫生用农药的,应当将卫生用农药与其他商品分柜销售;经营其他农药的,不得在农药经营场所内经营食品、食用农产品、饲料等。

第二十九条　境外企业不得直接在中国销售农药。境外企业在中国销售农药的,应当依法在中国设立销售机构或者委托符合条件的中国代理机构销售。向中国出口的农药应当附具中文标签、说明书,符合产品质量标准,并经出入境检验检疫部门依法检验合格。禁止进口未取得农药登记证的农药。办理农药进出口海关申报手续,应当按照海关总署的规定出示相关证明文件。

第五章　农药使用

第三十条　县级以上人民政府农业主管部门应当加强农药使用指导、服务工作,建立健全农药安全、合理使用制度,并按照预防为主、综合防治的要求,组织推广农药科学使用技术，规范农药使用行为。林业、粮食、卫生等部门应当加强对林业、储粮、卫生用农药安全、合理使用的技术指导，环境保护主管部门应当加强对农药使用过程中环境保护和污染防治的技术指导。

第三十一条　县级人民政府农业主管部门应当组织植物保护、农业技术推广等机构向农药使用者提供免费技术培训，提高农药安全、合理使用水平。国家鼓励农业科研单位、有关学校、农民专业合作社、供销合作社、农业社会化服务组织和专业人员为农药使用者提供技术服务。

第三十二条　国家通过推广生物防治、物理防治、先进施药器械等措施，逐步减少农药使用量。县级人民政府应当制定并组织实施本行政区域的农药减量计划；对实施农药减量计划、自愿减少农药使用量的农药使用者，给予鼓励和扶持。县级人民政府农业主管部门应当鼓励和扶持设立专业化病虫害防治服务组织，并对专业化病虫害防治和限制使用农药的配药、用药进行指导、规范和管理，提高病虫害防治水平。县级人民政府农业主管部门应当指导农药使用者有计划地轮换使用农药，减缓危害农业、林业的病、虫、草、鼠和其他有害生物的抗药性。乡、镇人民政府应当协助开展农药使用指导、服务工作。

第三十三条　农药使用者应当遵守国家有关农药安全、合理使用制度，妥善保管农药，并在配药、用药过程中采取必要的防护措施，避免发生农药使用事故。限制使用农药的经营者应当为农药使用者提供用药指导，并逐步提供统一用药服务。

第三十四条　农药使用者应当严格按照农药的标签标注的使用范围、使用方法和剂量、使用技术要求和注意事项使用农药，不得扩大使用范围、加大用药剂量或者改变使用方法。农药使用者不得使用禁用的农药。标签标注安全间隔期的农药，在农产品收获前应当按照安全间隔期的要求停止使用。剧毒、高毒农药不得用于防治卫生害虫，不得用于蔬菜、瓜果、茶叶、菌类、中草药材的生产，不得用于水生植物的病虫害防治。

第三十五条　农药使用者应当保护环境，保护有益生物和珍稀物种，不得在饮用水水源保护区、河道内丢弃农药、农药包装物或者清洗施药器械。严禁在饮用水水源保护区内使用农药，严禁使用农药毒鱼、虾、鸟、兽等。

第三十六条　农产品生产企业、食品和食用农产品仓储企业、专业化病虫害防治服务组织和从事农产品生产的农民专业合作社等应当建立农药使用记录，如实记录使用农药的时间、地点、对象以及农药名称、用量、生产企业等。农药使用记录应当保存 2 年以上。国家鼓励其他农药使用者建立农药使用记录。

第三十七条　国家鼓励农药使用者妥善收集农药包装物等废弃物；农药生产企业、农药经营者应当回收农药废弃物，防止农药污染环境和农药中毒事故的发生。具体办法由国务院环境保护主管部门会同国务院农业主管部门、国务院财政部门等部门制定。

第三十八条　发生农药使用事故，农药使用者、农药生产企业、农药经营者和其他有关人员应当及时报告当地农业主管部门。接到报告的农业主管部门应当立即采取措施，防止事故扩大，同时通知有关部门采取相应措施。造成农药中毒事故的，由农业主管部门和公安机关依照职责权限组织调查处理，卫生主管部门应当按照国家有关规定立即对受到伤害的人员组织医疗救治；造成环境污染事故的，由环境保护等有关部门依法组织调查处理；造成储粮药剂使用事故和农作物药害事故的，分别由粮食、农业等部门组织技术鉴定和调查处理。

第三十九条　因防治突发重大病虫害等紧急需要，国务院农业主管部门可以决定临时生产、使用规定数量的未取得登记或者禁用、限制使用的农药，必要时应当会同国务院对外贸易主管部门决定临时限制出口或者临时进口规定数量、品种的农药。前款规定的农药，应当在使用地县级人民政府农业主管部门的监督和指导下使用。

第六章　监督管理

第四十条　县级以上人民政府农业主管部门应当定期调查统计农药生产、销售、使用情况，并及时通报本级人民政府有关部门。县级以上地方人民政府农业主管部门应当建立农药生产、经营诚信档案并予以公布；发现违法生产、经营农药的行为涉嫌犯罪的，应当依法移送公安机关查处。

第四十一条　县级以上人民政府农业主管部门履行农药监督管理职责，可以依法采取下列措施：（一）进入农药生产、经营、使用场所实施现场检查；

(二)对生产、经营、使用的农药实施抽查检测；(三)向有关人员调查了解有关情况；(四)查阅、复制合同、票据、账簿以及其他有关资料；(五)查封、扣押违法生产、经营、使用的农药，以及用于违法生产、经营、使用农药的工具、设备、原材料等；(六)查封违法生产、经营、使用农药的场所。

第四十二条　国家建立农药召回制度。农药生产企业发现其生产的农药对农业、林业、人畜安全、农产品质量安全、生态环境等有严重危害或者较大风险的，应当立即停止生产，通知有关经营者和使用者，向所在地农业主管部门报告，主动召回产品，并记录通知和召回情况。农药经营者发现其经营的农药有前款规定的情形的，应当立即停止销售，通知有关生产企业、供货人和购买人，向所在地农业主管部门报告，并记录停止销售和通知情况。农药使用者发现其使用的农药有本条第一款规定的情形的，应当立即停止使用，通知经营者，并向所在地农业主管部门报告。

第四十三条　国务院农业主管部门和省、自治区、直辖市人民政府农业主管部门应当组织负责农药检定工作的机构、植物保护机构对已登记农药的安全性和有效性进行监测。发现已登记农药对农业、林业、人畜安全、农产品质量安全、生态环境等有严重危害或者较大风险的，国务院农业主管部门应当组织农药登记评审委员会进行评审，根据评审结果撤销、变更相应的农药登记证，必要时应当决定禁用或者限制使用并予以公告。

第四十四条　有下列情形之一的，认定为假农药：(一)以非农药冒充农药；(二)以此种农药冒充他种农药；(三)农药所含有效成分种类与农药的标签、说明书标注的有效成分不符。禁用的农药，未依法取得农药登记证而生产、进口的农药，以及未附具标签的农药，按照假农药处理。

第四十五条　有下列情形之一的，认定为劣质农药：(一)不符合农药产品质量标准；(二)混有导致药害等有害成分。超过农药质量保证期的农药，按照劣质农药处理。

第四十六条　假农药、劣质农药和回收的农药废弃物等应当交由具有危险废物经营资质的单位集中处置，处置费用由相应的农药生产企业、农药经营者承担；农药生产企业、农药经营者不明确的，处置费用由所在地县级人民政府财政列支。

第四十七条　禁止伪造、变造、转让、出租、出借农药登记证、农药生产许可证、农药经营许可证等许可证明文件。

第四十八条　县级以上人民政府农业主管部门及其工作人员和负责农药检定工作的机构及其工作人员，不得参与农药生产、经营活动。

第七章　法律责任

第四十九条　县级以上人民政府农业主管部门及其工作人员有下列行为之一的，由本级人民政府责令改正；对负有责任的领导人员和直接责任人员，依法给予处分；负有责任的领导人员和直接责任人员构成犯罪的，依法追究刑事责任：（一）不履行监督管理职责，所辖行政区域的违法农药生产、经营活动造成重大损失或者恶劣社会影响；（二）对不符合条件的申请人准予许可或者对符合条件的申请人拒不准予许可；（三）参与农药生产、经营活动；（四）有其他徇私舞弊、滥用职权、玩忽职守行为。

第五十条　农药登记评审委员会组成人员在农药登记评审中谋取不正当利益的，由国务院农业主管部门从农药登记评审委员会除名；属于国家工作人员的，依法给予处分；构成犯罪的，依法追究刑事责任。

第五十一条　登记试验单位出具虚假登记试验报告的，由省、自治区、直辖市人民政府农业主管部门没收违法所得，并处5万元以上10万元以下罚款；由国务院农业主管部门从登记试验单位中除名，5年内不再受理其登记试验单位认定申请；构成犯罪的，依法追究刑事责任。

第五十二条　未取得农药生产许可证生产农药或者生产假农药的，由县级以上地方人民政府农业主管部门责令停止生产，没收违法所得、违法生产的产品和用于违法生产的工具、设备、原材料等，违法生产的产品货值金额不足1万元的，并处5万元以上10万元以下罚款，货值金额1万元以上的，并处货值金额10倍以上20倍以下罚款，由发证机关吊销农药生产许可证和相应的农药登记证；构成犯罪的，依法追究刑事责任。取得农药生产许可证的农药生产企业不再符合规定条件继续生产农药的，由县级以上地方人民政府农业主管部门责令限期整改；逾期拒不整改或者整改后仍不符合规定条件的，由发证机关吊销农药生产许可证。农药生产企业生产劣质农药的，由县级以上地方人民政府农业主管部门责令停止生产，没收违法所得、违法生产的产品和用于违法生产的工具、设备、原材料等，违法生产的产品货值金额不足 1 万元的，并处 1 万元以上 5 万元以下罚款，货值金额 1 万元以上的，并处货值金额 5 倍以上 10 倍以下罚款；情节严重的，由发证机关吊销农药生产许可证和相应的农药登记证；构成犯罪的，依法追究刑事责任。委托未取得农药生产许可证的受托人加工、分装农药，或者委托加工、分装假农药、劣质农药的，对委托人和受托人均依照本条第一款、第三款的规定处罚。

第五十三条　农药生产企业有下列行为之一的，由县级以上地方人民政府农业主管部门责令改正，没收违法所得、违法生产的产品和用于违法生产的原材料等，违法生产的产品货值金额不足 1 万元的，并处 1 万元以上 2 万元以下罚款，货值金额 1 万元以上的，并处货值金额 2 倍以上 5 倍以下罚款；拒不改正或者情节严重的，由发证机关吊销农药生产许可证和相应的农药登记证：(一)采购、使用未依法附具产品质量检验合格证、未依法取得有关许可证明文件的原材料；(二)出厂销售未经质量检验合格并附具产品质量检验合格证的农药；(三)生产的农药包装、标签、说明书不符合规定；(四)不召回依法应当召回的农药。

第五十四条　农药生产企业不执行原材料进货、农药出厂销售记录制度，或者不履行农药废弃物回收义务的，由县级以上地方人民政府农业主管部门责令改正，处 1 万元以上 5 万元以下罚款；拒不改正或者情节严重的，由发证机关吊销农药生产许可证和相应的农药登记证。

第五十五条　农药经营者有下列行为之一的，由县级以上地方人民政府农业主管部门责令停止经营，没收违法所得、违法经营的农药和用于违法经营的工具、设备等，违法经营的农药货值金额不足 1 万元的，并处 5000 元以上 5 万元以下罚款，货值金额 1 万元以上的，并处货值金额 5 倍以上 10 倍以下罚款；构成犯罪的，依法追究刑事责任：(一)违反本条例规定，未取得农药经营许可证经营农药；(二)经营假农药；(三)在农药中添加物质。有前款第二项、第三项规定的行为，情节严重的，还应当由发证机关吊销农药经营许可证。取得农药经营许可证的农药经营者不再符合规定条件继续经营农药的，由县级以上地方人民政府农业主管部门责令限期整改；逾期拒不整改或者整改后仍不符合规定条件的，由发证机关吊销农药经营许可证。

第五十六条　农药经营者经营劣质农药的，由县级以上地方人民政府农业主管部门责令停止经营，没收违法所得、违法经营的农药和用于违法经营的工具、设备等，违法经营的农药货值金额不足 1 万元的，并处 2000 元以上 2 万元以下罚款，货值金额 1 万元以上的，并处货值金额 2 倍以上 5 倍以下罚款；情节严重的，由发证机关吊销农药经营许可证；构成犯罪的，依法追究刑事责任。

第五十七条　农药经营者有下列行为之一的，由县级以上地方人民政府农业主管部门责令改正，没收违法所得和违法经营的农药，并处 5000 元以上 5 万元以下罚款；拒不改正或者情节严重的，由发证机关吊销农药经营许可证：(一)设立分支机构未依法变更农药经营许可证，或者未向分支机构所在地县级以上地方人民政府农业主管部门备案；(二)向未取得农药生产许可证的农药生产企业或者未取得农药经营许可证的其他农药经营者采购农药；(三)采购、销售未附具产品质量检验合格证或者包装、标签不符合规定的农药；(四)不停止销售依法应当召回的农药。

第五十八条　农药经营者有下列行为之一的，由县级以上地方人民政府农业主管部门责令改正；拒不改正或者情节严重的，处 2000 元以上 2 万元以下罚款，并由发证机关吊销农药经营许可证：(一)不执行农药采购台账、销售台账制度；(二)在卫生用农药以外的农药经营场所内经营食品、食用农产品、饲料等；(三)未将卫生用农药与其他商品分柜销售；(四)不履行农药废弃物回收义务。

第五十九条　境外企业直接在中国销售农药的，由县级以上地方人民政府农业主管部门责令停止销售，没收违法所得、违法经营的农药和用于违法经营的工具、设备等，违法经营的农药货值金额不足 5 万元的，并处 5 万元以上 50 万元以下罚款，货值金额 5 万元以上的，并处货值金额 10 倍以上 20 倍以下罚款，由发证机关吊销农药登记证。取得农药登记证的境外企业向中国出口劣质农药情节严重或者出口假农药的，由国务院农业主管部门吊销相应的农药登记证。

第六十条　农药使用者有下列行为之一的，由县级人民政府农业主管部门责令改正，农药使用者为农产品生产企业、食品和食用农产品仓储企业、专业化病虫害防治服务组织和从事农产品生产的农民专业合作社等单位的，处 5 万元以上 10 万元以下罚款，农药使用者为个人的，处 1 万元以下罚款；构成犯罪的，依法追究刑事责任：（一）不按照农药的标签标注的使用范围、使用方法和剂量、使用技术要求和注意事项、安全间隔期使用农药；（二）使用禁用的农药；（三）将剧毒、高毒农药用于防治卫生害虫，用于蔬菜、瓜果、茶叶、菌类、中草药材生产或者用于水生植物的病虫害防治；（四）在饮用水水源保护区内使用农药；（五）使用农药毒鱼、虾、鸟、兽等；（六）在饮用水水源保护区、河道内丢弃农药、农药包装物或者清洗施药器械。有前款第二项规定的行为的，县级人民政府农业主管部门还应当没收禁用的农药。

第六十一条　农产品生产企业、食品和食用农产品仓储企业、专业化病虫害防治服务组织和从事农产品生产的农民专业合作社等不执行农药使用记录制度的，由县级人民政府农业主管部门责令改正；拒不改正或者情节严重的，处2000元以上2万元以下罚款。

第六十二条　伪造、变造、转让、出租、出借农药登记证、农药生产许可证、农药经营许可证等许可证明文件的，由发证机关收缴或者予以吊销，没收违法所得，并处1万元以上5万元以下罚款；构成犯罪的，依法追究刑事责任。

第六十三条　未取得农药生产许可证生产农药，未取得农药经营许可证经营农药，或者被吊销农药登记证、农药生产许可证、农药经营许可证的，其直接负责的主管人员10年内不得从事农药生产、经营活动。农药生产企业、农药经营者招用前款规定的人员从事农药生产、经营活动的，由发证机关吊销农药生产许可证、农药经营许可证。被吊销农药登记证的，国务院农业主管部门5年内不再受理其农药登记申请。

第六十四条　生产、经营的农药造成农药使用者人身、财产损害的，农药使用者可以向农药生产企业要求赔偿，也可以向农药经营者要求赔偿。属于农药生产企业责任的，农药经营者赔偿后有权向农药生产企业追偿；属于农药经营者责任的，农药生产企业赔偿后有权向农药经营者追偿。

第八章　附　则

第六十五条　申请农药登记的，申请人应当按照自愿有偿的原则，与登记试验单位协商确定登记试验费用。

第六十六条　本条例自2017年6月1日起施行。

附录3 《农药管理条例实施办法》

中华人民共和国农业部令 2017 年第 8 号

现公布《农业部关于修改和废止部分规章、规范性文件的决定》，自公布之日起施行。

第一章 总 则

第一条 为了保证《农药管理条例》（以下简称《条例》）的贯彻实施，加强对农药登记、经营和使用的监督管理，促进农药工业技术进步，保证农业生产的稳定发展，保护生态环境，保障人畜安全，根据《条例》的有关规定，制定本实施办法。

第二条 农业部负责全国农药登记、使用和监督管理工作，负责制定或参与制定农药安全使用、农药产品质量及农药残留的国家或行业标准。

省、自治区、直辖市人民政府农业行政主管部门协助农业部做好本行政区域内的农药登记，负责本行政区域内农药研制者和生产者申请农药田间试验和临时登记资料的初审，并负责本行政区域内的农药监督管理工作。

县和设区的市、自治州人民政府农业行政主管部门负责本行政区域内的农药监督管理工作。

第三条 农业部农药检定所负责全国的农药具体登记工作。省、自治区、直辖市人民政府农业行政主管部门所属的农药检定机构协助做好本行政区域内的农药具体登记工作。

第四条 各级农业行政主管部门必要时可以依法委托符合法定条件的机构实施农药监督管理工作。受委托单位不得从事农药经营活动。

第二章 农药登记

第五条 对农药登记试验单位实行认证制度。

农业部负责组织对农药登记药效试验单位、农药登记残留试验单位、农药登记毒理学试验单位和农药登记环境影响试验单位的认证，并发放认证证书。

经认证的农药登记试验单位应当接受省级以上农业行政主管部门的监督管理。

第六条　农业部制定并发布《农药登记资料要求》。

农药研制者和生产者申请农药田间试验和农药登记，应当按照《农药登记资料要求》提供有关资料。

第七条　新农药应申请田间试验、临时登记和正式登记。

(一)田间试验

农药研制者在我国进行田间试验，应当经其所在地省级农业行政主管部门所属的农药检定机构初审后，向农业部提出申请，由农业部农药检定所对申请资料进行审查。经审查批准后，农药研制者持农药田间试验批准证书与取得认证资格的农药登记药效试验单位签订试验合同，试验应当按照《农药田间药效试验准则》实施。

省级农业行政主管部门所属的农药检定机构对田间试验的初审，应当在农药研制者交齐资料之日起一个月内完成。

境外及港、澳、台农药研制者的田间试验申请，申请资料由农业部农药检定所审查。

农业部农药检定所应当自农药研制者交齐资料之日起三个月内组织完成田间试验资料审查。

(二)临时登记

田间试验后，需要进行示范试验(面积超过 10 公顷)、试销以及在特殊情况下需要使用的农药，其生产者须申请原药和制剂临时登记。其申请登记资料应当经所在地省级农业行政主管部门所属的农药检定机构初审后，向农业部提出临时登记申请，由农业部农药检定所对申请资料进行综合评价，经农药临时登记评审委员会评审，符合条件的，由农业部发给原药和制剂农药临时登记证。

省级农业行政主管部门所属的农药检定机构对临时登记资料的初审，应当在农药生产者交齐资料之日起一个月内完成。

境外及港、澳、台农药生产者向农业部提出临时登记申请的，申请资料由农药检定所审查。

农业部组织成立农药临时登记评审委员会，每届任期三年。农药临时登记评审委员会一至二个月召开一次全体会议。农药临时登记评审委员会的日常工作由农业部农药检定所承担。

农业部农药检定所应当自农药生产者交齐资料之日起三个月内组织完成临时登记评审。

农药临时登记证有效期为一年，可以续展，累积有效期不得超过三年。

（三）正式登记

经过示范试验、试销可以作为正式商品流通的农药，其生产者须向农业部提出原药和制剂正式登记申请，由农业部农药检定所对申请资料进行审查，经国务院农业、化工、卫生、环境保护部门和全国供销合作总社审查并签署意见后，由农药登记评审委员会进行综合评价，符合条件的，由农业部发给原药和制剂农药登记证。

农药生产者申请农药正式登记，应当提供两个以上不同自然条件地区的示范试验结果。示范试验由省级农业、林业行政主管部门所属的技术推广部门承担。

农业部组织成立农药登记评审委员会，下设农业、毒理、环保、工业等专业组。农药登记评审委员会每届任期三年，每年召开一次全体会议和一至二次主任委员会议。农药登记评审委员会的日常工作由农业部农药检定所承担。

农业部农药检定所应当自农药生产者交齐资料之日起一年内组织完成正式登记评审。

农药登记证有效期为五年，可以续展。

第八条　经正式登记和临时登记的农药，在登记有效期限内，同一厂家或者不同厂家改变剂型、含量(配比)或者使用范围、使用方法的，农药生产者应当申请田间试验、变更登记。

田间试验、变更登记的申请和审批程序同本《实施办法》第七条第(一)、第(二)项。

变更登记包括临时登记变更和正式登记变更，分别发放农药临时登记证和农药登记证。

第九条　生产其他厂家已经登记的相同农药的，农药生产者应当申请田间试验、变更登记，其申请和审批程序同本《实施办法》第七条第（一）、第（二）项。

对获得首次登记的，含新化合物的农药登记申请人提交的数据，按照《农药管理条例》第十条的规定予以保护。

申请登记的农药产品质量和首家登记产品无明显差异的，在首家取得正式登记之日起6年内，经首家登记厂家同意，农药生产者可使用其原药资料和部分制剂资料；在首家取得正式登记之日起6年后，农药生产者可免交原药资料和部分制剂资料。

第十条 生产者分装农药应当申请办理农药分装登记，分装农药的原包装农药必须是在我国已经登记过的。农药分装登记的申请，应当经农药生产者所在地省级农业行政主管部门所属的农药检定机构初审后，向农业部提出，由农药检定所对申请资料进行审查。经审查批准后，由农业部发给农药临时登记证，登记证有效期为一年，可随原包装厂家产品登记有效期续展。

农业部农药检定所应当自农药生产者交齐资料之日起三个月内组织完成分装登记评审。

第十一条 经审查合格的农药登记申请，农业部应当在评审结束后10日内决定是否颁发农药临时登记证或农药正式登记证。

第十二条 农药登记证、农药临时登记证和农药田间试验批准证书使用"中华人民共和国农业部农药审批专用章"。

第十三条 农药名称是指农药的通用名称或简化通用名称，直接使用的卫生农药以功能描述词语和剂型作为产品名称。农药名称登记核准和使用管理的具体规定另行制定。

农药的通用名称和简化通用名称不得申请作为注册商标。

第十四条 农药临时登记证需续展的，应当在登记证有效期满一个月前提出续展登记申请；农药登记证需续展的，应当在登记证有效期满三个月前提出续展登记申请。逾期提出申请的，应当重新办理登记手续。对所受理的临时登记和正式登记续展申请，农业部在二十个工作日内决定是否予以登记续展，但专家评审时间不计算在内。

第十五条 取得农药登记证或农药临时登记证的农药生产厂家因故关闭

的,应当在企业关闭后一个月内向农业部农药检定所交回农药登记证或农药临时登记证。逾期不交的,由农业部宣布撤销登记。

第十六条　如遇紧急需要,对某些未经登记的农药、某些已禁用或限用的农药,农业部可以与有关部门协商批准在一定范围、一定期限内使用和临时进口。

第十七条　农药登记部门及其工作人员有责任为申请者提供的资料和样品保守技术秘密。

第十八条　农业部定期发布农药登记公告。

第十九条　农药生产者应当指定专业部门或人员负责农药登记工作。省级以上农业行政主管部门所属的农药检定机构应当对申请登记人员进行相应的业务指导。

第二十条　进行农药登记试验(药效、残留、毒性、环境)应当提供有代表性的样品,并支付试验费。试验样品须经法定质量检测机构检测确认样品有效成分及其含量与标明值相符,方可进行试验。

第三章　农药经营

第二十一条　供销合作社的农业生产资料经营单位,植物保护站,土壤肥料站,农业、林业技术推广机构,森林病虫害防治机构,农药生产企业,以及国务院规定的其他单位可以经营农药。

农垦系统的农业生产资料经营单位、农业技术推广单位,按照直供的原则,可以经营农药;粮食系统的储运贸易公司、仓储公司等专门供应粮库、粮站所需农药的经营单位,可以经营储粮用农药。

日用百货、日用杂品、超级市场或者专门商店可以经营家庭用防治卫生害虫和衣料害虫的杀虫剂。

第二十二条　农药经营单位不得经营下列农药:

(一)无农药登记证或者农药临时登记证、无农药生产许可证或者生产批准文件、无产品质量标准的国产农药;

(二)无农药登记证或者农药临时登记证的进口农药;

(三)无产品质量合格证和检验不合格的农药;

（四）过期而无使用效能的农药；

（五）没有标签或者标签残缺不清的农药；

(六)撤销登记的农药。

第二十三条　农药经营单位对所经营农药应当进行或委托进行质量检验。

第二十四条　农药经营单位向农民销售农药时，应当提供农药使用技术和安全使用注意事项等服务。

第四章　农药使用

第二十五条　各级农业行政主管部门及所属的农业技术推广部门，应当贯彻"预防为主，综合防治"的植保方针，根据本行政区域内的病、虫、草、鼠害发生情况，提出农药年度需求计划，为国家有关部门进行农药产销宏观调控提供依据。

第二十六条　各级农业技术推广部门应当指导农民按照《农药安全使用规定》和《农药合理使用准则》等有关规定使用农药，防止农药中毒和药害事故发生。

第二十七条　各级农业行政主管部门及所属的农业技术推广部门，应当做好农药科学使用技术和安全防护知识培训工作。

第二十八条　农药使用者应当确认农药标签清晰，农药登记证号或者农药临时登记证号、农药生产许可证号或者生产批准文件号齐全后，方可使用农药。

农药使用者应当严格按照产品标签规定的剂量、防治对象、使用方法、施药适期、注意事项施用农药，不得随意改变。

第二十九条　各级农业技术推广部门应当大力推广使用安全、高效、经济的农药。剧毒、高毒农药不得用于防治卫生害虫，不得用于瓜类、蔬菜、果树、茶叶、中草药材等。

第三十条　为了有计划地轮换使用农药，减缓病、虫、草、鼠的抗药性，提高防治效果，省、自治区、直辖市人民政府农业行政主管部门报农业部审查同意后，可以在一定区域内限制使用某些农药。

第五章　农药监督

第三十一条　各级农业行政主管部门应当配备一定数量的农药执法人员。农药执法人员应当是具有相应的专业学历、并从事农药工作三年以上的技术人员或者管理人员，经有关部门培训考核合格，取得执法证，持证上岗。

第三十二条　农业行政主管部门有权按照规定对辖区内的农药生产、经营和使用单位的农药进行定期和不定期监督、检查，必要时按照规定抽取样品和索取有关资料，有关单位和个人不得拒绝和隐瞒。

农药执法人员对农药生产、经营单位提供的保密技术资料，应当承担保密责任。

第三十三条　对假农药、劣质农药需进行销毁处理的，必须严格遵守环境保护法律、法规的有关规定，按照农药废弃物的安全处理规程进行，防止污染环境；对有使用价值的，应当经省级以上农业行政主管部门所属的农药检定机构检验，必要时要经过田间试验，制订使用方法和用量。

第三十四条　禁止销售农药残留量超过标准的农副产品。县级以上农业行政主管部门应当做好农副产品农药残留量的检测工作。

第三十五条　农药广告内容必须与农药登记的内容一致，农药广告经过审查批准后方可发布。农药广告的审查按照《广告法》和《农药广告审查办法》执行。

通过重点媒介发布的农药广告和境外及港、澳、台地区农药产品的广告，由农业部负责审查。其他广告，由广告主所在地省级农业行政主管部门负责审查。广告审查具体工作由农业部农药检定所和省级农业行政主管部门所属的农药检定机构承担。

第三十六条　地方各级农业行政主管部门应当及时向上级农业行政主管部门报告发生在本行政区域内的重大农药案件的有关情况。

第六章　罚　则

第三十七条　对未取得农药临时登记证而擅自分装农药的，由农业行政主管部门责令停止分装生产，没收违法所得，并处违法所得 1 倍以上 5 倍以下的罚款；没有违法所得的，并处 5 万元以下的罚款。

第三十八条　对生产、经营假农药、劣质农药的，由农业行政主管部门或者法律、行政法规规定的其他有关部门，按以下规定给予处罚：

（一）生产、经营假农药的，劣质农药有效成分总含量低于产品质量标准30%（含30%）或者混有导致药害等有害成分的，没收假农药、劣质农药和违法所得，并处违法所得 5 倍以上 10 倍以下的罚款；没有违法所得的，并处 10 万元以下的罚款。

（二）生产、经营劣质农药有效成分总含量低于产品质量标准70%（含70%）但高于30%的，或者产品标准中乳液稳定性、悬浮率等重要辅助指标严重不合格的，没收劣质农药和违法所得，并处违法所得 3 倍以上 5 倍以下的罚款；没有违法所得的，并处 5 万元以下的罚款。

（三）生产、经营劣质农药有效成分总含量高于产品质量标准70%的，或者按产品标准要求有一项重要辅助指标或者二项以上一般辅助指标不合格的，没收劣质农药和违法所得，并处违法所得 1 倍以上 3 倍以下的罚款；没有违法所得的，并处 3 万元以下罚款。

（四）生产、经营的农药产品净重（容）量低于标明值，且超过允许负偏差的，没收不合格产品和违法所得，并处违法所得 1 倍以上 5 倍以下的罚款；没有违法所得的，并处 5 万元以下罚款。

生产、经营假农药、劣质农药的单位，在农业行政主管部门或者法律、行政法规规定的其他有关部门的监督下，负责处理被没收的假农药、劣质农药，拖延处理造成的经济损失由生产、经营假农药和劣质农药的单位承担。

第三十九条　对经营未注明"过期农药"字样的超过产品质量保证期的农药产品的，由农业行政主管部门给予警告，没收违法所得，可以并处违法所得 3 倍以下的罚款；没有违法所得的，并处 3 万元以下的罚款。

第四十条　收缴或者吊销农药登记证或农药临时登记证的决定由农业部作出。

第四十一条　本《实施办法》所称"违法所得"，是指违法生产、经营农药的销售收入。

第四十二条　各级农业行政主管部门实施行政处罚，应当按照《行政处罚法》、《农业行政处罚程序规定》等法律和部门规章的规定执行。

第四十三条　农药管理工作人员滥用职权、玩忽职守、徇私舞弊、索贿受贿，构成犯罪的，依法追究刑事责任；尚不构成犯罪的，依法给予行政处分。

第七章　附　则

第四十四条　对《条例》第二条　所称农药解释如下：

（一）《条例》第二条　（一）预防、消灭或者控制危害农业、林业的病、虫（包括昆虫、蜱、螨）、草和鼠、软体动物等有害生物的是指农、林、牧、渔业中的种植业用于防治植物病、虫（包括昆虫、蜱、螨）、草和鼠、软体动物等有害生物的。

（二）《条例》第二条　（三）调节植物生长的是指对植物生长发育（包括萌发、生长、开花、受精、座果、成熟及脱落等过程）具有抑制、刺激和促进等作用的生物或者化学制剂；通过提供植物养分促进植物生长的适用其他规定。

（三）《条例》第二条　（五）预防、消灭或者控制蚊、蝇、蜚蠊、鼠及其他有害生物的是指用于防治人生活环境和农林业中养殖业用于防治动物生活环境卫生害虫的。

（四）利用基因工程技术引入抗病、虫、草害的外源基因改变基因组构成的农业生物，适用《条例》和本《实施办法》。

（五）用于防治《条例》第二条　所述有害生物的商业化天敌生物，适用《条例》和本《实施办法》。

（六）农药与肥料等物质的混合物，适用《条例》和本《实施办法》。

第四十五条　本《实施办法》下列用语定义为：

（一）新农药是指含有的有效成分尚未在我国批准登记的国内外农药原药和制剂。

（二）新制剂是指含有的有效成分与已经登记过的相同，而剂型、含量（配比）尚未在我国登记过的制剂。

（三）新登记使用范围和方法是指有效成分和制剂与已经登记过的相同，而使用范围和方法是尚未在我国登记过的。

第四十六条　种子加工企业不得应用未经登记或者假、劣种衣剂进行种子包衣。对违反规定的，按违法经营农药行为处理。

第四十七条　我国作为农药事先知情同意程序国际公约（PIC）成员国，承担承诺的国际义务，有关具体事宜由农业部农药检定所承办。

第四十八条　本《实施办法》由农业部负责解释。

第四十九条　本《实施办法》自发布之日起施行。凡与《条例》和本《实施办法》相抵触的规定，一律以《条例》和本《实施办法》为准。

附录4　《农药登记管理办法》

第一章　总　则

第一条　为了规范农药登记行为，加强农药登记管理，保证农药的安全性、有效性，根据《农药管理条例》，制定本办法。

第二条　在中华人民共和国境内生产、经营、使用的农药，应当取得农药登记。

未依法取得农药登记证的农药，按照假农药处理。

第三条　农业部负责全国农药登记管理工作，组织成立农药登记评审委员会，制定农药登记评审规则。

农业部所属的负责农药检定工作的机构负责全国农药登记具体工作。

第四条　省级人民政府农业主管部门(以下简称省级农业部门)负责受理本行政区域内的农药登记申请，对申请资料进行审查，提出初审意见。

省级农业部门负责农药检定工作的机构(以下简称省级农药检定机构)协助做好农药登记具体工作。

第五条　农药登记应当遵循科学、公平、公正、高效和便民的原则。

第六条　鼓励和支持登记安全、高效、经济的农药，加快淘汰对农业、林业、人畜安全、农产品质量安全和生态环境等风险高的农药。

第二章　基本要求

第七条　农药名称应当使用农药的中文通用名称或者简化中文通用名称，植物源农药名称可以用植物名称加提取物表示。直接使用的卫生用农药的名称用功能描述词语加剂型表示。

第八条　农药有效成分含量、剂型的设定应当符合提高质量、保护环境和促进农业可持续发展的原则。

制剂产品的配方应当科学、合理、方便使用。相同有效成分和剂型的单制剂产品，含量梯度不超过三个。混配制剂的有效成分不超过两种，除草剂、种子处理剂、信息素等有效成分不超过三种。有效成分和剂型相同的混配制剂，配比不超过三个，相同配比的总含量梯度不超过三个。不经稀释或者分散直接使用的低有效成分含量农药单独分类。有关具体要求，由农业部另行制定。

第九条　农业部根据农药助剂的毒性和危害性，适时公布和调整禁用、限用助剂名单及限量。

使用时需要添加指定助剂的，申请农药登记时，应当提交相应的试验资料。

第十条　农药产品的稀释倍数或者使用浓度，应当与施药技术相匹配。

第十一条　申请人提供的相关数据或者资料，应当能够满足风险评估的需要，产品与已登记产品在安全性、有效性等方面相当或者具有明显优势。

对申请登记产品进行审查，需要参考已登记产品风险评估结果时，遵循最大风险原则。

第十二条　申请人应当同时提交纸质文件和电子文档，并对所提供资料的真实性、合法性负责。

第三章　申请与受理

第十三条　申请人应当是农药生产企业、向中国出口农药的企业或者新农药研制者。

农药生产企业，是指已经取得农药生产许可证的境内企业。向中国出口农药的企业（以下简称境外企业），是指将在境外生产的农药向中国出口的企业。新农药研制者，是指在我国境内研制开发新农药的中国公民、法人或者其他组织。

多个主体联合研制的新农药，应当明确其中一个主体作为申请人，并说明其他合作研制机构，以及相关试验样品同质性的证明材料。其他主体不得重复申请。

第十四条　境内申请人向所在地省级农业部门提出农药登记申请。境外企业向农业部提出农药登记申请。

第十五条　申请人应当提交产品化学、毒理学、药效、残留、环境影响等试验报告、风险评估报告、标签或者说明书样张、产品安全数据单、相关文献资料、申请表、申请人资质证明、资料真实性声明等申请资料。

农药登记申请资料应当真实、规范、完整、有效，具体要求由农业部另行制定。

第十六条　登记试验报告应当由农业部认定的登记试验单位出具，也可以由与中国政府有关部门签署互认协定的境外相关实验室出具；但药效、残留、环境影响等与环境条件密切相关的试验以及中国特有生物物种的登记试验应当在中国境内完成。

第十七条　申请新农药登记的，应当同时提交新农药原药和新农药制剂登记申请，并提供农药标准品。

自新农药登记之日起六年内，其他申请人提交其自己所取得的或者新农药登记证持有人授权同意的数据申请登记的，按照新农药登记申请。

第十八条　农药登记证持有人独立拥有的符合登记资料要求的完整登记资料，可以授权其他申请人使用。

按照《农药管理条例》第十四条　规定转让农药登记资料的，由受让方凭双方的转让合同及符合登记资料要求的登记资料申请农药登记。

第十九条　农业部或者省级农业部门对申请人提交的申请资料，应当根据下列情况分别作出处理：

（一）不需要农药登记的，即时告知申请者不予受理；

（二）申请资料存在错误的，允许申请者当场更正；

（三）申请资料不齐全或者不符合法定形式的，应当当场或者在五个工作日内一次告知申请者需要补正的全部内容，逾期不告知的，自收到申请资料之日起即为受理；

（四）申请资料齐全、符合法定形式，或者申请者按照要求提交全部补正资料的，予以受理。

第四章　审查与决定

第二十条　省级农业部门应当自受理申请之日起二十个工作日内对申请人提交的资料进行初审，提出初审意见，并报送农业部。初审不通过的，可以根据申请人意愿，书面通知申请人并说明理由。

第二十一条　农业部自受理申请或者收到省级农业部门报送的申请资料和初审意见后,应当在九个月内完成产品化学、毒理学、药效、残留、环境影响、标签样张等的技术审查工作,并将审查意见提交农药登记评审委员会评审。

第二十二条　农药登记评审委员会在收到技术审查意见后,按照农药登记评审规则提出评审意见。

第二十三条　农药登记申请受理后,申请人可以撤回登记申请,并在补充完善相关资料后重新申请。

农业部根据农药登记评审委员会意见,可以要求申请人补充资料。

第二十四条　在登记审查和评审期间,申请人提交的登记申请的种类以及其所依照的技术要求和审批程序,不因为其他申请人在此期间取得农药登记证而发生变化。

新农药获得批准后,已经受理的其他申请人的新农药登记申请,可以继续按照新农药登记审批程序予以审查和评审。其他申请人也可以撤回该申请,重新提出登记申请。

第二十五条　农业部自收到评审意见之日起二十个工作日内作出审批决定。符合条件的,核发农药登记证;不符合条件的,书面通知申请人并说明理由。

第二十六条　农药登记证由农业部统一印制。

第五章　变更与延续

第二十七条　农药登记证有效期为五年。

第二十八条　农药登记证有效期内有下列情形之一的,农药登记证持有人应当向农业部申请变更:

(一)改变农药使用范围、使用方法或者使用剂量的;

(二)改变农药有效成分以外组成成分的;

(三)改变产品毒性级别的;

(四)原药产品有效成分含量发生改变的;

(五)产品质量标准发生变化的;

(六)农业部规定的其他情形。

变更农药登记证持有人的,应当提交相关证明材料,向农业部申请换发农药登记证。

第二十九条 有效期届满,需要继续生产农药或者向中国出口农药的,应当在有效期届满九十日前申请延续。逾期未申请延续的,应当重新申请登记。

第三十条 申请变更或者延续的,由农药登记证持有人向农业部提出,填写申请表并提交相关资料。

第三十一条 农业部应当在六个月内完成登记变更审查,形成审查意见,提交农药登记评审委员会评审,并自收到评审意见之日起二十个工作日内作出审批决定。符合条件的,准予登记变更,登记证号及有效期不变;不符合条件的,书面通知申请人并说明理由。

第三十二条 农业部对登记延续申请资料进行审查,在有效期届满前作出是否延续的决定。审查中发现安全性、有效性出现隐患或者风险的,提交农药登记评审委员会评审。

第六章 风险监测与评价

第三十三条 省级以上农业部门应当建立农药安全风险监测制度,组织农药检定机构、植保机构对已登记农药的安全性和有效性进行监测、评价。

第三十四条 监测内容包括农药对农业、林业、人畜安全、农产品质量安全、生态环境等的影响。

有下列情形之一的,应当组织开展评价:

(一)发生多起农作物药害事故的;

(二)靶标生物抗性大幅升高的;

(三)农产品农药残留多次超标的;

(四)出现多起对蜜蜂、鸟、鱼、蚕、虾、蟹等非靶标生物、天敌生物危害事件的;

(五)对地下水、地表水和土壤等产生不利影响的;

(六)对农药使用者或者接触人群、畜禽等产生健康危害的。

省级农业部门应当及时将监测、评价结果报告农业部。

第三十五条 农药登记证持有人应当收集分析农药产品的安全性、有效性变化和产品召回、生产使用过程中事故发生等情况。

第三十六条　对登记十五年以上的农药品种，农业部根据生产使用和产业政策变化情况，组织开展周期性评价。

第三十七条　发现已登记农药对农业、林业、人畜安全、农产品质量安全、生态环境等有严重危害或者较大风险的，农业部应当组织农药登记评审委员会进行评审，根据评审结果撤销或者变更相应农药登记证，必要时决定禁用或者限制使用并予以公告。

第七章　监督管理

第三十八条　有下列情形之一的，农业部或者省级农业部门不予受理农药登记申请；已经受理的，不予批准：

（一）申请资料的真实性、完整性或者规范性不符合要求；

（二）申请人不符合本办法第十三条规定的资格要求；

（三）申请人被列入国家有关部门规定的严重失信单位名单并限制其取得行政许可；

（四）申请登记农药属于国家有关部门明令禁止生产、经营、使用或者农业部依法不再新增登记的农药；

（五）登记试验不符合《农药管理条例》第九条第三款、第十条规定；

（六）应当不予受理或者批准的其他情形。

申请人隐瞒有关情况或者提交虚假农药登记资料和试验样品的，一年内不受理其申请；已批准登记的，撤销农药登记证，三年内不受理其申请。被吊销农药登记证的，五年内不受理其申请。

第三十九条　对提交虚假资料和试验样品的，农业部将申请人的违法信息列入诚信档案，并予以公布。

第四十条　有下列情形之一的，农业部注销农药登记证，并予以公布：

（一）有效期届满未延续的；

（二）农药登记证持有人依法终止或者不具备农药登记申请人资格的；

（三）农药登记资料已经依法转让的；

（四）应当注销农药登记证的其他情形。

第四十一条　农业部推进农药登记信息平台建设，逐步实行网上办理登记申请和受理，通过农业部网站或者发布农药登记公告，公布农药登记证核发、延续、变更、撤销、注销情况以及有关的农药产品质量标准号、残留限量规定、检验方法、经核准的标签等信息。

第四十二条　农药登记评审委员会组成人员在农药登记评审中谋取不正当利益的，农业部将其从农药登记评审委员会除名；属于国家工作人员的，提请有关部门依法予以处分；构成犯罪的，依法追究刑事责任。

第四十三条　农业部、省级农业部门及其负责农药登记工作人员，应当依法履行职责，科学、客观、公正地提出审查和评审意见，对申请人提交的登记资料和尚未公开的审查、评审结果、意见负有保密义务；与申请人或者其产品（资料）具有利害关系的，应当回避；不得参与农药生产、经营活动。

第四十四条　农药登记工作人员不依法履行职责，滥用职权、徇私舞弊，索取、收受他人财物，或者谋取其他利益的，依法给予处分；自处分决定作出之日起，五年内不得从事农药登记工作。

第四十五条　任何单位和个人发现有违反本办法规定情形的，有权向农业部或者省级农业部门举报。农业部或者省级农业部门应当及时核实、处理，并为举报人保密。经查证属实，并对生产安全起到积极作用或者挽回损失较大的，按照国家有关规定予以表彰或者奖励。

第八章　附　则

第四十六条　用于特色小宗作物的农药登记，实行群组化扩大使用范围登记管理，特色小宗作物的范围由农业部规定。

尚无登记农药可用的特色小宗作物或者新的有害生物，省级农业部门可以根据当地实际情况，在确保风险可控的前提下，采取临时用药措施，并报农业部备案。

第四十七条　本办法下列用语的含义是：

（一）新农药，是指含有的有效成分尚未在中国批准登记的农药，包括新农药原药（母药）和新农药制剂。

（二）原药，是指在生产过程中得到的由有效成分及有关杂质组成的产品，必要时可加入少量的添加剂。

（三）母药，是指在生产过程中得到的由有效成分及有关杂质组成的产品，可含有少量必需的添加剂和适当的稀释剂。

（四）制剂，是指由农药原药（母药）和适宜的助剂加工成的，或者由生物发酵、植物提取等方法加工而成的状态稳定的农药产品。

（五）助剂，是指除有效成分以外，任何被添加在农药产品中，本身不具有农药活性和有效成分功能，但能够或者有助于提高、改善农药产品理化性能的单一组分或者多个组分的物质。

第四十八条　仅供境外使用农药的登记管理由农业部另行规定。

第四十九条　本办法自 2017 年 8 月 1 日起施行。2017 年 6 月 1 日之前，已经取得的农药临时登记证到期不予延续；已经受理尚未作出审批决定的农药登记申请，按照《农药管理条例》有关规定办理。

附录 5 《农药标签和说明书管理办法》

第一章 总　则

第一条　为了规范农药标签和说明书的管理，保证农药使用的安全，根据《农药管理条例》，制定本办法。

第二条　在中国境内经营、使用的农药产品应当在包装物表面印制或者贴有标签。产品包装尺寸过小、标签无法标注本办法规定内容的，应当附具相应的说明书。

第三条　本办法所称标签和说明书，是指农药包装物上或者附于农药包装物的，以文字、图形、符号说明农药内容的一切说明物。

第四条　农药登记申请人应当在申请农药登记时提交农药标签样张及电子文档。附具说明书的农药，应当同时提交说明书样张及电子文档。

第五条　农药标签和说明书由农业部核准。农业部在批准农药登记时公布经核准的农药标签和说明书的内容、核准日期。

第六条　标签和说明书的内容应当真实、规范、准确，其文字、符号、图形应当易于辨认和阅读，不得擅自以粘贴、剪切、涂改等方式进行修改或者补充。

第七条　标签和说明书应当使用国家公布的规范化汉字，可以同时使用汉语拼音或者其他文字。其他文字表述的含义应当与汉字一致。

第二章 标注内容

第八条　农药标签应当标注下列内容：(一)农药名称、剂型、有效成分及其含量；(二)农药登记证号、产品质量标准号以及农药生产许可证号；(三)农药类别及其颜色标志带、产品性能、毒性及其标识；(四)使用范围、使用方法、剂量、使用技术要求和注意事项；(五)中毒急救措施；(六)储存和运输方法；(七)生产日期、产品批号、质量保证期、净含量；(八)农药登记证持有人名称及其联系方式；(九)可追溯电子信息码；(十)像形图；(十一)农业部要求标注的其他内容。

第九条　除第八条规定内容外,下列农药标签标注内容还应当符合相应要求:(一)原药(母药)产品应当注明"本品是农药制剂加工的原材料,不得用于农作物或者其他场所。"且不标注使用技术和使用方法。但是,经登记批准允许直接使用的除外;(二)限制使用农药应当标注"限制使用"字样,并注明对使用的特别限制和特殊要求;(三)用于食用农产品的农药应当标注安全间隔期,但属于第十八条　第三款所列情形的除外;(四)杀鼠剂产品应当标注规定的杀鼠剂图形;(五)直接使用的卫生用农药可以不标注特征颜色标志带;(六)委托加工或者分装农药的标签还应当注明受托人的农药生产许可证号、受托人名称及其联系方式和加工、分装日期;(七)向中国出口的农药可以不标注农药生产许可证号,应当标注其境外生产地,以及在中国设立的办事机构或者代理机构的名称及联系方式。

第十条　农药标签过小,无法标注规定全部内容的,应当至少标注农药名称、有效成分含量、剂型、农药登记证号、净含量、生产日期、质量保证期等内容,同时附具说明书。说明书应当标注规定的全部内容。登记的使用范围较多,在标签中无法全部标注的,可以根据需要,在标签中标注部分使用范围,但应当附具说明书并标注全部使用范围。

第十一条　农药名称应当与农药登记证的农药名称一致。

第十二条　联系方式包括农药登记证持有人、企业或者机构的住所和生产地的地址、邮政编码、联系电话、传真等。

第十三条　生产日期应当按照年、月、日的顺序标注,年份用四位数字表示,月、日分别用两位数表示。产品批号包含生产日期的,可以与生产日期合并表示。

第十四条　质量保证期应当规定在正常条件下的质量保证期限,质量保证期也可以用有效日期或者失效日期表示。

第十五条　净含量应当使用国家法定计量单位表示。特殊农药产品,可根据其特性以适当方式表示。

第十六条　产品性能主要包括产品的基本性质、主要功能、作用特点等。对农药产品性能的描述应当与农药登记批准的使用范围、使用方法相符。

第十七条　使用范围主要包括适用作物或者场所、防治对象。使用方法是指施用方式。使用剂量以每亩使用该产品的制剂量或者稀释倍数表示。种子处理剂的使用剂量采用每100千克种子使用该产品的制剂量表示。特殊用途的农药，使用剂量的表述应当与农药登记批准的内容一致。

第十八条　使用技术要求主要包括施用条件、施药时期、次数、最多使用次数，对当茬作物、后茬作物的影响及预防措施，以及后茬仅能种植的作物或者后茬不能种植的作物、间隔时间等。限制使用农药，应当在标签上注明施药后设立警示标志，并明确人畜允许进入的间隔时间。安全间隔期及农作物每个生产周期的最多使用次数的标注应当符合农业生产、农药使用实际。下列农药标签可以不标注安全间隔期：（一）用于非食用作物的农药；（二）拌种、包衣、浸种等用于种子处理的农药；（三）用于非耕地（牧场除外）的农药；（四）用于苗前土壤处理剂的农药；（五）仅在农作物苗期使用一次的农药；（六）非全面撒施使用的杀鼠剂；（七）卫生用农药；（八）其他特殊情形。

第十九条　毒性分为剧毒、高毒、中等毒、低毒、微毒五个级别，分别用""标识和"剧毒"字样、""标识和"高毒"字样、""标识和"中等毒"字样、""标识和"低毒"字样、""标识、"微毒"字样标注。标识应当为黑色，描述文字应当为红色。由剧毒、高毒农药原药加工的制剂产品，其毒性级别与原药的最高毒性级别不一致时，应当同时以括号标明其所使用的原药的最高毒性级别。

第二十条　注意事项应当标注以下内容：（一）对农作物容易产生药害，或者对病虫容易产生抗性的，应当标明主要原因和预防方法；（二）对人畜、周边作物或者植物、有益生物（如蜜蜂、鸟、蚕、蚯蚓、天敌及鱼、水蚤等水生生物）和环境容易产生不利影响的，应当明确说明，并标注使用时的预防措施、施用器械的清洗要求；（三）已知与其他农药等物质不能混合使用的，应当标明；（四）开启包装物时容易出现药剂撒漏或者人身伤害的，应当标明正确的开启方法；（五）施用时应当采取的安全防护措施；（六）国家规定禁止的使用范围或者使用方法等。

第二十一条　中毒急救措施应当包括中毒症状及误食、吸入、眼睛溅入、皮肤沾附农药后的急救和治疗措施等内容。有专用解毒剂的，应当标明，并标注医疗建议。剧毒、高毒农药应当标明中毒急救咨询电话。

第二十二条　储存和运输方法应当包括储存时的光照、温度、湿度、通风等环境条件要求及装卸、运输时的注意事项，并标明"置于儿童接触不到的地方"、"不能与食品、饮料、粮食、饲料等混合储存"等警示内容。

第二十三条　农药类别应当采用相应的文字和特征颜色标志带表示。不同类别的农药采用在标签底部加一条与底边平行的、不褪色的特征颜色标志带表示。除草剂用"除草剂"字样和绿色带表示；杀虫（螨、软体动物）剂用"杀虫剂"或者"杀螨剂"、"杀软体动物剂"字样和红色带表示；杀菌（线虫）剂用"杀菌剂"或者"杀线虫剂"字样和黑色带表示；植物生长调节剂用"植物生长调节剂"字样和深黄色带表示；杀鼠剂用"杀鼠剂"字样和蓝色带表示；杀虫/杀菌剂用"杀虫/杀菌剂"字样、红色和黑色带表示。农药类别的描述文字应当镶嵌在标志带上，颜色与其形成明显反差。其他农药可以不标注特征颜色标志带。

第二十四条　可追溯电子信息码应当以二维码等形式标注，能够扫描识别农药名称、农药登记证持有人名称等信息。信息码不得含有违反本办法规定的文字、符号、图形。可追溯电子信息码格式及生成要求由农业部另行制定。

第二十五条　像形图包括储存像形图、操作像形图、忠告像形图、警告像形图。像形图应当根据产品安全使用措施的需要选择，并按照产品实际使用的操作要求和顺序排列，但不得代替标签中必要的文字说明。

第二十六条　标签和说明书不得标注任何带有宣传、广告色彩的文字、符号、图形，不得标注企业获奖和荣誉称号。法律、法规或者规章另有规定的，从其规定。

第三章　制作、使用和管理

第二十七条　每个农药最小包装应当印制或者贴有独立标签，不得与其他农药共用标签或者使用同一标签。

第二十八条　标签上汉字的字体高度不得小于1.8毫米。

第二十九条　农药名称应当显著、突出，字体、字号、颜色应当一致，并符合以下要求：（一）对于横版标签，应当在标签上部三分之一范围内中间位置显著标出；对于竖版标签，应当在标签右部三分之一范围内中间位置显著标出；（二）不得使用草书、篆书等不易识别的字体，不得使用斜体、中空、阴影等形式对字体进行修饰；(三)字体颜色应当与背景颜色形成强烈反差；(四)除因包装尺寸的限制无法同行书写外，不得分行书写。除"限制使用"字样外，标签其他文字内容的字号不得超过农药名称的字号。

第三十条　有效成分及其含量和剂型应当醒目标注在农药名称的正下方(横版标签)或者正左方(竖版标签)相邻位置(直接使用的卫生用农药可以不再标注剂型名称)，字体高度不得小于农药名称的二分之一。混配制剂应当标注总有效成分含量以及各有效成分的中文通用名称和含量。各有效成分的中文通用名称及含量应当醒目标注在农药名称的正下方(横版标签)或者正左方(竖版标签)，字体、字号、颜色应当一致，字体高度不得小于农药名称的二分之一。

第三十一条　农药标签和说明书不得使用未经注册的商标。标签使用注册商标的，应当标注在标签的四角，所占面积不得超过标签面积的九分之一，其文字部分的字号不得大于农药名称的字号。

第三十二条　毒性及其标识应当标注在有效成分含量和剂型的正下方(横版标签)或者正左方(竖版标签)，并与背景颜色形成强烈反差。像形图应当用黑白两种颜色印刷，一般位于标签底部，其尺寸应当与标签的尺寸相协调。安全间隔期及施药次数应当醒目标注，字号大于使用技术要求其他文字的字号。

第三十三条　"限制使用"字样，应当以红色标注在农药标签正面右上角或者左上角，并与背景颜色形成强烈反差，其字号不得小于农药名称的字号。

第三十四条　标签中不得含有虚假、误导使用者的内容，有下列情形之一的，属于虚假、误导使用者的内容：(一)误导使用者扩大使用范围、加大用药剂量或者改变使用方法的；(二)卫生用农药标注适用于儿童、孕妇、过敏者等特殊人群的文字、符号、图形等；(三)夸大产品性能及效果、虚假宣传、贬低其他产品或者与其他产品相比较，容易给使用者造成误解或者混淆的；(四)利用任何单位或者个人的名义、形象作证明或者推荐的；(五)含有保证高产、增产、铲除、根除等断言或者保证，含有速效等绝对化语言和表示的；(六)含有保险公司保险、无效退款等承诺性语言的；(七)其他虚假、误导使用者的内容。

第三十五条　标签和说明书上不得出现未经登记批准的使用范围或者使用方法的文字、图形、符号。

第三十六条　除本办法规定应当标注的农药登记证持有人、企业或者机构名称及其联系方式之外，标签不得标注其他任何企业或者机构的名称及其联系方式。

第三十七条　产品毒性、注意事项、技术要求等与农药产品安全性、有效性有关的标注内容经核准后不得擅自改变，许可证书编号、生产日期、企业联系方式等产品证明性、企业相关性信息由企业自主标注，并对真实性负责。

第三十八条　农药登记证持有人变更标签或者说明书有关产品安全性和有效性内容的，应当向农业部申请重新核准。农业部应当在三个月内作出核准决定。

第三十九条　农业部根据监测与评价结果等信息，可以要求农药登记证持有人修改标签和说明书，并重新核准。农药登记证载明事项发生变化的，农业部在作出准予农药登记变更决定的同时，对其农药标签予以重新核准。

第四十条　标签和说明书重新核准三个月后，不得继续使用原标签和说明书。

第四十一条　违反本办法的，依照《农药管理条例》有关规定处罚。

第四章　附　则

第四十二条　本办法自 2017 年 8 月 1 日起施行。2007 年 12 月 8 日农业部公布的《农药标签和说明书管理办法》同时废止。现有产品标签或者说明书与本办法不符的，应当自 2018 年 1 月 1 日起使用符合本办法规定的标签和说明书。

附录6　GB/T 18416—2017 家用卫生杀虫用品　蚊香

1　技术要求

1.1　通则

有效成分使用要求、毒理、有效成分含量及允许波动范围、药效、热贮稳定性、烟尘量应符合 GB 24330—2009 中规定。

1.2　外观和感官

1.2.1 产品应完整，色泽均匀，无霉斑，无断裂、变形和缺损。

1.2.2 同一产品可使用多种香型，其香型应与明示香型相符合，无异味。

1.3　抗折力

单圈的抗折力应不小于 1.5N。

1.4　脱圈性

除连结点外，产品其他部分均易完整脱开。

1.5　平整度

产品表面平整度应符合 2.5 试验要求。

1.6　水分

蚊香产品的水分应不大于 10%。

1.7　燃点时间

1.7.1 蚊香燃点时间应不小于 7.0 h，中途不得熄灭。

1.7.2 特殊规格的产品应明示燃点时间，其燃点时间应不小于明示时间，中途不得熄灭。

1.8　盘平均质量或净含量

1.8.1 盘平均质量净含量(单位为 g)应明示包装上。

1.8.2 盘平均质量或净含量偏差应符合《定量包装商品计量监督管理方法》中附表 3 相应规定。

2　试验方法

2.1　通则

有效成分使用要求、毒理、有效成分含量及允许波动范围、药效、热贮稳定性、烟尘量按 GB 24330—2009 中试验方法测试。

2.2 外观和感官

2.2.1 外观目测。

2.2.2 感官点燃后用嗅觉判断。

2.3 抗折力

2.3.1 测试条件

室温：(23±3) ℃，相对湿度：(65±15)%。

2.3.2 操作步骤

打开包装，在上述测试条件下放置 24 h 后测试，将 1 个单圈蚊香置于蚊香支架中，其中一边槽距蚊香点燃端 2 cm，然后将蚊香与蚊香支架一起放在蚊香折力测试仪上，并调整零位(量程 0～2000 g)。用手转动螺丝指针降低并调至蚊香的头(或眼)中，螺丝轻轻的旋转压下直至蚊香断裂。记录蚊香断裂时蚊香抗折力测试仪上的读数，并将单位换算成牛顿。

2.4 脱圈性

掰开蚊香的连续点，从相反方向轻推蚊香，逐渐分成分为两单圈，香体不应断裂。

2.5 平整度

用两块长 150 mm、宽 150 mm 的透明平板玻璃组合成平型间距为 8 mm 的卡板，蚊香能在卡板中间自然通过。

2.6 水分

将一盘蚊香用天平称重为 m_1(精确至 0.01 g)放入温度为(105±5) ℃ 的烘箱中 1.5 h，取出放置干燥器中冷却至室温后立即称量直至恒重 m_2(精确至 0.01 g)，按式(1)进行计算：

$$M = \frac{m_1 - m_2}{m_1} \times 100\% \tag{1}$$

式中：M——水分(%)；

    m_1——干燥前质量，单位为克(g)；

    m_2——干燥后质量，单位为克(g)。

2.7 燃点时间

2.7.1 测试条件

室温:(23±3)℃,相对湿度:(65±15)%。在无强制对流空气的环境中进行测试。

2.7.2 操作步骤

将被测样品在上述测试条件下放置24 h后,点燃样品,放在产品包装提供的支架上,分别置于1 m×1 m×1 m敞口的燃点柜中间区域内,记录点燃到熄灭的时间。

2.8 盘平均质量或净含量

取整包装试样,在温度为(23±3)℃相对湿度为(65±15)%条件下,测量并计算盘平均质量或净含量。

3　标志、包装、运输、贮存、使用说明

3.1 标志

3.1.1 产品包装

产品包装上应有以下中文内容:

(1)产品名称、商标、生产厂厂名、厂址;

(2)有效成分及含量;

(3)盘平均质量或净质量;

(4)产品执行标准编号;

(5)生产日期、产品批号和有效期;

(6)产品质量检验合格标识;

(7)农药登记证号或农药临时登记证号;

(8)农药生产批准文件号或生产许可证号;

(9)毒性标识;

(10)注意事项(如注意远离儿童,不得在高温、明火处存放等);

(11)规格(型号)及数量;

(12)无烟、微烟的蚊香烟尘量产品分类;

(13)特殊规格的蚊香燃点时间。

3.1.2 产品包装箱

产品包装箱上应有以下中文内容:

（1）包装储运图示标志；

（2）品名规格；

（3）数量；

（4）毛重；

（5）生产厂厂名、厂址；

（6）外形尺寸：长（cm）×宽（cm）×高（cm）；

（7）注意事项："小心轻放""切勿受潮""切勿重压"等文字或储运图示标志；

（8）生产日期或批号。

3.2 包装

产品包装应牢固，无破损，能防潮，防震。

3.3 运输

产品运输时要轻取轻放，防止剧烈震动、日晒、雨淋和重压。

3.4 贮存

产品应存放在阴凉干燥、通风的仓库内，不得和易燃、易爆品混放。产品在上述条件下，产品有效期不少于两年。

3.5 使用说明

产品应有使用说明。

附录7　GB/T 18417—2017 家用卫生杀虫用品电热蚊香片

1　技术要求

1.1 通则

有效成分使用要求、毒理、有效成分含量及允许波动范围、药效、热贮稳定性应符合 GB 24330—2009 中规定。

1.2 外观与感官

1.2.1 外观

产品应指示色、色泽均匀，不得有霉变。

1.2.2 感官

同一产品可为无味型或多种香型，其香型应与明示香型相符合，无异味。

1.3 挥发速率

将蚊香片放入符合相关标准的加热器中加热至明示时间的一半时，测试其残留的有效成分含量不得低于明示的有效成分含量的30%。

2　试验方法

2.1 通则

有效成分使用要求、毒理、有效成分含量及允许波动范围、药效、热贮稳定性按 GB 24330—2009 中相应的试验方法进行测试。

2.2 外观和感官

2.2.1 外观目测。

2.2.2 感官用嗅觉判断。

2.3 挥发速率

在室温(23±3) ℃，相对湿度(65±15)%下，按说明书操作，将电热蚊香片放入符合相关标准的恒温电加热器中加热并开始记时，当加热至明示时间的一半时立即取下电热蚊香片，按 GB 24330—2009 中规定的方法测试其总有效成分含量。

有效成分的挥发速率按式(1)计算：

$$V_r = \frac{m_2}{m_1} \times 100\% \qquad (1)$$

式中：V_r——有效成分的挥发速率(%)；

m_1——明示的有效成分含量，单位为毫克每片(mg/片)；

m_2——明示时间一半时的有效成分含量，单位为毫克每片(mg/片)。

3 标志、包装、运输、贮存、使用说明

3.1 标志

3.1.1 产品包装

产品包装上应有以下中文内容：

(1)产品名称、商标、生产厂厂名、厂址；

(2)有效成分及含量；

(3)产品执行标准编号；

(4)生产日期、产品批号和有效期；

(5)产品质量检验合格标识；

(6)规格及数量；

(7)农药登记证号或农药临时登记证号；

(8)农药生产批准文件号或生产许可证号；

(9)毒性标识；

(10)注意事项(如注意远离儿童，不得在高温、明火处存放等)。

3.1.2 产品包装箱

产品包装箱上应有如下中文标志：

(1)包装储运图示标志；

(2)品名规格；

(3)数量；

(4)毛重；

(5)生产厂厂名、厂址；

(6)外形尺寸：长(cm)×宽(cm)×高(cm)；

(7)注意事项："小心轻放""切勿受潮""切勿重压"等文字或储运图示标志；

(8)生产日期或批号。

3.2 包装

应采用能防潮、避光、气密性良好的包装材料(如铝箔复合包装袋)密封包装。包装应牢固，无破损，能防潮，防震。

3.3 运输

产品运输时要轻取轻放，防止剧烈震动、日晒、雨淋和重压。

3.4 贮存

产品应存放在阴凉干燥、通风的仓库内，不得和易燃、易爆品混放。产品在上述条件下，有效期不少于两年。

3.5 使用说明

产品应有使用说明。

附录 8　GB/T 18418—2017 家用卫生杀虫用品电热蚊香液

1　技术要求

1.1　通则

有效成分使用要求、毒理、有效成分含量及允许波动范围、药效、热贮稳定性、电热蚊香液最低持效期、电热蚊香液净含量应符合国家标准 GB 24330—2009 中的规定。

1.2　结构和尺寸

1.2.1　药液瓶应由瓶体、药液、吸液芯棒、瓶塞、瓶盖等组成。

1.2.2　带螺纹的药液瓶口径的外螺纹尺寸：螺纹外径 D 为 24.50~0.33mm，螺距 t 为 2.5 mm，螺纹宽度 A 为 1.25 mm，螺纹高度 h 大于 0.95 mm。

1.3　感官

1.3.1　同一产品可为无味型或多种香型，其香型应与明示香型相符合。

1.3.2　药液应澄清，无絮状、无分层、无结晶、无沉淀。

1.3.3　正常使用时应无明显烟雾及异味。

1.4　密闭性

药液瓶经密闭性试验后，瓶体外部应无药液外溢。

1.5　自由跌落

药液瓶经自由跌落试验后，瓶体外部应无药液外溢，瓶体无破损，芯棒不断裂。

1.6　挥发速率

连续使用至明示时间的一半时，测试其剩余药液量不低于明示净含量的 30%，剩余药液有效成分含量不得低于明示含量的 80%。

1.7　电加热器

电加热器技术要求见相关标准规定。

2　试验方法

2.1　通则

有效成分使用要求、毒理、有效成分含量及允许波动范围、药效、热贮稳定性、电热蚊香液最低持效期、电热蚊香液净含量按国家标准 GB 24330 中试验方法进行检测。

2.2　结果和尺寸

2.2.1　目测。

2.2.2　尺寸药效瓶口的外螺纹口径尺寸,用工具显微镜或专用螺纹环规测量。

2.3　感官

药液在通电加热后,用目测和嗅觉判断。

2.4　密闭性

将药效瓶盖旋紧置于平面上倒置 24 h 后,再平置 2 h,目测。

2.5　自由跌落

将药液瓶盖旋紧,于 300 mm 高度,底面三次、侧面三次分别自由跌落于硬质地面。

2.6　挥发速率

2.6.1　检测条件

室温:(23±3)℃,相对湿度:(65±15)%。

2.6.2　操作步骤

按说明书操作,将蚊香液与配套的加热器组装,电加热器在额定电压下加热并开始计时,当时热至明示时间的一半时停止加热。剩余药液量按国家标准 GB 24330—2009 中规定的电热蚊香液净含量方法测试为 m_2。有效成分含量按国家标准 GB 24330—2009 中电热蚊香液有效成分含量测试方法测试 m_4。

药液的挥发速率按式(1)计算:

$$V_{r药效} = \frac{m_2}{m_1} \times 100\% \tag{1}$$

有效成分的挥发速率按式(2)计算:

$$V_{r有效成分} = \frac{m_4}{m_3} \times 100\%$$ （2）

式中：$V_{r药效}$——药液挥发速率，%；

$\quad\quad V_{r有效成分}$——有效成分的挥发速率，%；

$\quad\quad m_1$——明示的净含量，单位为毫升或克(mL 或 g)；

$\quad\quad m_2$——明示时间一半时净含量，单位为毫升或克(mL 或 g)；

$\quad\quad m_3$——明示有效成分含量，%；

$\quad\quad m_4$——明示时间一半时有效成分含量，%。

2.7 电加热器

电加热器按国家标准 GB/T 18418—2017 中规定的方法检测。

3 标志、包装、运输、贮存、使用说明

3.1 标志

3.1.1 产品或包装上应有以下中文内容：

(1)产品名称、商标、生产厂厂名和厂址；

(2)有效成分及含量；

(3)产品执行标准编号；

(4)生产日期、产品批号和有效期；

(5)产品质量检验合格标识；

(6)型号或规格；

(7)农药登记证书或农药临时登记证号；

(8)农业生产批准文件号或生产许可证号；

(9)毒性标识；

(10)注意事项(如注意远离儿童，不得在高温、明火处存放等)；

(11)电热蚊香液的净含量；

(12)电热蚊香液最低持效期；

(13)特殊规格的导线长度需明示。

3.1.2 产品包装箱上应有以下中文内容：

(1)包装储运图示标志；

(2)品名、规格；

(3)数量；

(4)毛重；

(5)生产厂厂名、厂址；

(6)外形尺寸：长(cm)×宽(cm)×高(cm)；

(7)注意事项："小心轻放""切勿受潮""切勿重压"等文字或储运图示标志；

(8)生产日期或批号。

3.2 包装

包装应牢固，无破损，能防潮，防震。

3.3 运输

产品运输时要轻取轻放，防止剧烈震动、日晒、雨淋和重压。

3.4 贮存

产品应存放在阴凉干燥、通风的仓库内，不得和易燃、易爆品混放。在上述条件下，产品保持期不少于两年。

3.5 使用说明

产品应有使用说明。

附录9　GB/T 18419—2017 家用卫生杀虫用品杀虫气雾剂

1　技术要求

1.1 通则

有效成分使用要求、毒理、有效成分含量及允许波动范围、药效、热贮稳定性、杀虫气雾剂甲醇含量、杀虫气雾剂内压、杀虫气雾剂净含量应符合国家标准 GB 24330—2009 中规定。

1.2 外观和感官

1.2.1 印刷图文清晰，无明显划伤和污迹，罐体无明显凹陷，无锈斑。

1.2.2 同一产品可为无味型或多种香型，其香型应与明示香型相符合，无异味。

1.3 雾化率

1.3.1 产品喷出后应呈雾状。

1.3.2 雾化率不小于98.0%。

1.4 酸度

1.4.1 油基类产品(以 HCl 计)≤0.02%(质量分数)。

1.4.2 水基、醇基类产品 pH 范围为4.0~8.0。

1.5 水分

水分≤0.15%。

注：水基和醇基除外。

2　试验方法

2.1 通则

有效成分使用要求、毒理、有效成分含量及允许波动范围、药效、热贮稳定性、杀虫气雾剂甲醇含量、杀虫气雾剂内压、杀虫气雾剂净含量按国家标准 GB 24330—2009 中试验方法进行测试。

2.2 外观和感官

2.2.1 外观目测。

2.2.2 感官嗅觉判断。

2.3 雾化率

2.3.1 仪器

2.3.1.1 恒温水浴锅：控温精度±2 ℃。

2.3.1.2 天平：分度值不低于 0.01 g。

2.3.2 检测步骤

取试样置于(25±2) ℃的水浴中，使水浸至试样高度的五分之四处，恒温 30 min，取出试样擦干，称取质量 m_1(精确至 0.1 g)，摇动试样，按试样标示的喷射方向喷出内容物，直到喷不出内容物为止，又称取质量 m_2(精确至 0.1 g)，将试样开孔并清除余液，再称取皮重 m_3(精确至 0.1 g)。

雾化率按式(1)进行计算：

$$r_s = \frac{m_1 - m_2}{m_1 - m_3} \times 100\% \qquad (1)$$

式中：r_s——雾化率；

m_1——试样喷射前的质量，单位为克(g)；

m_2——试样喷射后的质量，单位为克(g)；

m_3——试样清除余液后的质量，单位为克(g)。

2.4 酸度

2.4.1 油基类产品的酸度检测

2.4.1.1 试剂

2.4.1.1.1 氢氧化钾标准滴定溶液：$c(KOH) = 0.02$ mol/L，按 GB/T 601—2016 配制和标定。

2.4.1.1.2 中性乙醇：取 95% 分析纯乙醇，加入数滴酚酞指示液，用氢氧化钾标准滴定溶液，滴定至出现微红色。

2.4.1.1.3 酚酞指示液：5 g/L 乙醇溶液。

2.4.1.2 检测步骤

取试样按罐上标明的使用方法喷射 1~2 s，然后摘下原配喷头，换上一只带导管的气雾阀促动头(或用注射器针头代)，称取试样此时的质量为 m_4(精确至 0.01 g)。

摇匀试样，将促动头导管末端浸入体积约 50 mL 的中性乙醇(置于一个 150 mL 的锥形瓶)中，按下促动头(或者注射器针头)间歇喷入内容物约 20 g(注意控制喷入速度，以防液滴溅出)，称取试样此时的质量 m_5(精确至 0.01 g)

加入 1 mL 酚酞指示液，以尽可能快的速度用氢氧化钾标准滴定溶液滴定至出现微红色为终点。

2.4.1.3 结果的计算

按式(2)计算试样的酸度：

$$A_c = \frac{0.03655 \times c \times V_1}{m_4 - m_5} \times 100\% \tag{2}$$

式中：A_c——酸度；

c——氢氧化钾标准滴定溶液的浓度，单位为摩尔每升(mol/L)；

V_1——滴定试样溶液消耗的氢氧化钾标准滴定溶液的体积，单位为毫升(mL)；

m_4——取样前的试样质量，单位为克(g)；

m_5——取样后的试样质量，单位为克(g)；

0.0365——与 1.00 mL 氢氧化钾标准滴定溶液的浓度[c(KOH) = 1.00 mol/L]相当的盐酸(HCl)的质量。

2.4.2 水基和醇基类产品的 pH 检测

摇匀试样，用带导管的喷头，慢慢喷入适量的杀虫剂于试管中，放入 55 ℃水浴中，将推进剂慢慢赶尽后(直至无明显气泡)，按 GB/T 1601—1993 的方法进行检测。

2.5 水分

取经前处理后的试样，按 GB/T 1600—2001 中卡尔·费休法测定(允许使用精度相当的微量水分测定仪)。

注："前处理后的试样"为有效成分含量测定时进行前处理过的试样。

3　标志、包装、运输、贮存、使用说明

3.1　标志

3.1.1　在产品上应有以下中文内容：

(1)产品名称、商标、生产厂厂名、厂址；

(2)有效成分及含量；

(3)产品执行标准编号；

(4)生产日期、产品批号和有效期；

(5)产品质量检验合格标识；

(6)型号或规格；

(7)农药登记证号或农药临时登记证号；

(8)农药生产批准文件号或生产许可证号；

(9)毒性标识；

(10)注意事项(如注意远离儿童，不得在高温、明火处存放等)；

(11)气雾剂的净含量。

3.1.2　产品包装箱上应有以下中文内容：

(1)包装储运图示标志；

(2)品名规格；

(3)数量；

(4)毛重；

(5)生产厂厂名、厂址；

(6)外形尺寸：长(cm)×宽(cm)×高(cm)；

(7)注意事项："小心轻放""切勿受潮""切勿重压"等文字或储运图示标志；

(8)有限数量包装标志；

(9)生产日期或批号。

3.2　包装

包装应牢固，无破损，能防潮，防震。

3.3　运输

产品运输时要轻取轻放，防止剧烈震动、日晒、雨淋和重压。

3.4 贮存

产品应存放在阴凉干燥、通风的仓库内，不得和易燃、易爆品混放。产品在上述条件下，有效期不少于两年。

3.5 使用说明

产品应有使用说明。

参考文献

［1］刘珍.化验员读本[M].北京.化学工业出版社，2013.

［2］蒋国民.卫生杀虫剂剂型技术手册[M].北京.化学工业出版社，2001.

［3］姜志宽，等.卫生害虫管理学[M].北京.人民卫生出版社，2011.

［4］雷朝亮，等.华中昆虫研究[M].北京.中国农业出版社，2003.

［5］家用卫生杀虫用品蚊香(GB/T 18416—2017)[S].

［6］中华人民共和国国家卫生部.化妆品卫生规范(2007 版 含修订公告)第三部分 卫生化学检验方法[S].北京；中华人民共和国国家标准出版社，2007.

［7］程水连，何建国，王泽科.气相色谱顶空外标法测定气雾剂中甲醇含量[J].中华卫生杀虫药械，2014，20(5)：441-443.

［8］中华人民共和国卫生部.化妆品安全技术规范(2015 年版)第四章：理化检验方法[S].北京；中华人民共和国国家标准出版社.2015.

［9］马昕.实验室功能设计、建设和改造工作指南[M].北京.中国标准出版社.2009.

［10］李安福.试论质检机构仪器设备管理中的问题及对策[J].济南.山东工业技术.2006(22).

ISBN 978-7-5487-4233-3

定价：68.00元

中南大学出版社
天猫旗舰店

中南大学出版社
微信平台